中文運用

模擬試卷精讀

Use of Chinese: Mock Paper

緊貼CRE形式、題型趨勢及深淺程度

密集操練 助你一次考入成爲公務員

CRE專家
Fong Sir 著

【序】

公務員薪高糧準，是不少人的理想工作，但無論你是考JRE、CRE，抑或紀律部隊，如要躋身公務員行列，都要成功通過「中文運用」（Use of Chinese）這道必經門檻。

本試題集的出版，正好為考生提供解決方法。題目緊貼CRE形式、題型趨勢及深淺程度。透過密集操練，務求幫你反覆操練至最佳狀態，讓你成功在望，一次考入成為公務員。

【目錄】

PART ONE
中文運用模擬試卷

CRE-BLNST

文化會社出版社 **CULTURE CROSS LIMITED**

答題紙 ANSWER SHEET

請在此貼上電腦條碼 Please stick the barcode label here

(1) 考生編號 Candidate No.
(2) 考生姓名 Name of Candidate
(3) 考生簽署 Signature of Candidate

宜用H.B.鉛筆作答
You are advised to use H.B. Pencils

考生須依照下圖所示填畫答案：

23 A B C D E

錯填答案可使用潔淨膠擦將筆痕徹底擦去。

切勿摺皺此答題紙

Mark your answer as follows:

23 A B C D E

Wrong marks should be completely erased with a clean rubber.

DO NOT FOLD THIS SHEET

1	A	B	C	D	E	21	A	B	C	D	E
2	A	B	C	D	E	22	A	B	C	D	E
3	A	B	C	D	E	23	A	B	C	D	E
4	A	B	C	D	E	24	A	B	C	D	E
5	A	B	C	D	E	25	A	B	C	D	E
6	A	B	C	D	E	26	A	B	C	D	E
7	A	B	C	D	E	27	A	B	C	D	E
8	A	B	C	D	E	28	A	B	C	D	E
9	A	B	C	D	E	29	A	B	C	D	E
10	A	B	C	D	E	30	A	B	C	D	E
11	A	B	C	D	E	31	A	B	C	D	E
12	A	B	C	D	E	32	A	B	C	D	E
13	A	B	C	D	E	33	A	B	C	D	E
14	A	B	C	D	E	34	A	B	C	D	E
15	A	B	C	D	E	35	A	B	C	D	E
16	A	B	C	D	E	36	A	B	C	D	E
17	A	B	C	D	E	37	A	B	C	D	E
18	A	B	C	D	E	38	A	B	C	D	E
19	A	B	C	D	E	39	A	B	C	D	E
20	A	B	C	D	E	40	A	B	C	D	E

MC

文化會社出版社
投考公務員 模擬試題王

中文運用
模擬試卷（一）

時間：四十五分鐘

考生須知：

(一) 細讀答題紙上的指示。宣布開考後，考生須首先於適當位置貼上電腦條碼及填上各項所需資料。宣布停筆後，考生不會獲得額外時間貼上電腦條碼。

(二) 試場主任宣布開卷後，考生請檢查試題冊及確定試題冊內共四十五條試題。第四十五條後會有「**全卷完**」的字眼。

(三) 本試卷各題佔分相等。

(四) **本試卷全部試題均須回答**。為便於修正答案，考生宜用HB鉛筆把答案填畫在答題紙上。錯誤答案可用潔淨膠擦將筆痕徹底擦去。考生須清楚填畫答案，否則會因答案未能被辨認而失分。

(五) 每題只可填畫**一個**答案。如填劃超過一個答案，該題將**不獲評分**。

(六) 答案錯誤，不另扣分。

(七) 未經許可，請勿打開試題冊。

CC-CRE-UC

（一）閱讀理解

I. 文章閱讀（8題）

在這部分，考生須閱讀一篇題材與日常生活或工作有關的文章，然後回答問題。題目在於測試考生在理解和掌握文章意旨、深層意義、辨別事實與意見、詮釋資料等方面的能力。

哈佛大學生物學家馬丁．諾瓦克寫道：「合作是進化過程中創造力的源泉，從細胞、多細胞生物、蟻丘、村莊到城市莫不如此。」人類在力求迎接全球新挑戰的同時，必需找到新的合作方式。利他主義是合作的必要基礎。

願意無私向他人伸出援手，提升了我們和子孫後代的生活品質。事實上，這甚至可能是生存的必要條件。我們必須敏銳地意識到這一點，並盡可能讓更多的人知道。

當前，人類面臨著三項重要挑戰：確保所有人擁有體面的生活條件、提高生活滿意度和保護我們的地球。傳統的成本效益分析很難把上述要求統一到一起，因為它們分屬於不同的時間框架。我們擔心每年的經濟狀況；我們關注自己終生的幸福；而我們對環境的憂慮，則主要是為子孫後代著想。

但奉行利他主義原則需要進行取捨。即使自己有可能從中受益，負責任的投資者也絕不會輕率地利用客戶一生攢下的積蓄進行冒險投機；一位充滿愛心的公民總是先想到自己的行為會對社會造成何種影響；無私的一代會處處關愛地球，而這恰恰是為子孫後代留下一個宜居的世界。利他主義讓所有人都能更好地生活。

以這樣的眼光來看待世界似乎過於理想化，畢竟，心理學、經濟學和進化生物學普遍認為人類的本性是自私的。但過去30年的研究表明，真正的利他行為確實存在，而且可以超越親屬和社區，兼顧人類甚至其他物種的普遍福祉。此外，利他主義者並不一定會因善舉而受損；相反，在自私者為自己和他人帶來痛苦的同時，利他主義者往往會間接受益於自己的善舉。

研究還表明，個人可以學會利他的行為方式。神經學家已確定了利他主義的三個組成部分，每個人都可以通過學習來最終掌握：理解並分享他人感受的同理心、希望傳播快樂的慈愛心和希望減輕別人痛苦的同情心。

社會也可以向利他主義轉化，這樣的社會甚至可以比自私型社會更美好。對文化演變的研究表明，人類價值觀可以以超過人類基因的速度發生變化。因此，如果要建設一個充滿關愛的世界，我們必須先意識到利他主義的重要性，接著需要在人與人之間培育利他主義，並推動社會的文化變革。

01. 文中引用馬丁諾瓦克的觀點是為了強調合作的：

1. 普遍性

2. 重要性

3. 相對性

4. 偶然性

5. 階段性

A. 1、2

B. 2、3

C. 3、4

D. 4、5

02. 作者認為利他型社會：

A. 違背了人類的本能

B. 發展前景並不明朗

C. 可以經過培育成為現實

D. 只能是脫離實際的空想

03. 最適合做本文標題的是：

A. 通往利他主義之路

B. 利己與利他

C. 自私的基因

D. 讓世界充滿愛

04. 本文主要說明：

A. 人類應對挑戰的途徑和方式

B. 利他主義的必要性和可能性

C. 不同學科對人性認識的差異

D. 形成價值觀的社會文化基礎

05. 作者可能最不贊同以下哪一種說法？

A. 贈人玫瑰，手有餘香

B. 人同此心，心同此理

C. 積善之家，必有餘慶

D. 人為財死，鳥為食亡

06. 神經學家已確定利他主義有幾多個組成部分？

A. 一個

B. 兩個

C. 三個

D. 四個

07. 人類面臨著哪三項重要的挑戰？

A. 確保所有人擁有體面的生活條件

B. 提高生活滿意度

C. 保護我們的地球

D. 以上皆是

08. 馬丁·諾瓦克認為什麼是進化過程中創造力的源泉？

A. 合作

B. 金錢

C. 慾望

D. 文中沒有提及

II. 片段/語段閱讀（6題）

這部分是測試考生在閱讀個別片段／語段時能否理解該段文字的含義或引申出來的觀點，找出支持或否定某些觀點的選項，或選出最能概括該段文字的一句話等。

09. 貧困有時不僅是收入低下，還是能力匱乏。能力的根本是質素，文明也是一種質素，而且是更重要的質素。「貧困文化」的研究者早就提出，不但要關注窮人的生活狀態，而且要關注他們的價值觀念、生活態度和行為模式。這種「亞文化」一旦形成，就會影響他們改變貧困的狀況，而且會代代相傳使貧困維持下去。當年就有一種意見認為，鄉村建設的根本之策在於治理「愚、貧、弱、私」，以培養農民的知識、生產、身體質素和團結。

這段文字意在説明：

A. 國民質素的提高根本在於文明的發展

B. 要大力提升貧困群眾的發展能力

C. 個人能力發展的根本是文明質素

D. 提升貧困群眾的文明質素意義重大

10. **晨練（在早上進行練習或鍛練）是一種好習慣，但未必人人都適合。從人的生理特點來看，早上6時左右，人體的血壓開始升高，心率逐漸加快，上午10時左右達到峰值。如果有冠心病、高血壓的人此時鍛練，尤其是進行劇烈運動，就有可能發生意外。清晨6時到8時，人體血小板的凝聚力明顯增強，血液相對黏稠，這段時間運動可能會使心腦血管梗塞率增大。**

這段文字意在強調：

A. 晨練總的來説還是弊大於利
B. 晨練不宜選在6時至8時之間
C. 晨練應盡可能避免劇烈運動
D. 晨練時間和強度要因人而異

11. **當20世紀各種文化遭受危機與困惑之時，學者們往往返身探求不同文明的原點和文化資源，通過世界性的比較與對話，以尋找未來的發展方向與道路。此時，音樂權威話語的主流地位也開始讓位於對話。實現對話的前提是平等的價值觀，以此條件，中西音樂才有對話的可能。否則，我們只有聽話的資格，而沒有發言與對話的權利。因此，中國音樂傳統不是以其提供給專業音樂創作的素材、音色庫、原料等來進行其價值定位的，而是參照當今東西方音樂文化比較研究而定位的。**

本段概括最恰當的一項是：

A. 通過比較與對話探求解決文化危機的途徑
B. 中西音樂進行對話的前提是平等的價值觀
C. 探討如何對中國音樂的傳統進行價值定位
D. 通過平等對話以擺脱中國音樂傳統的困境

12. **過去幾十年中，視覺革命伴隨著新的媒體形態和消費方式而到來。上世紀初，人們只能通過報紙、雜誌等平面媒體了解信息。此後，顯示管技術的成熟讓電視機走到台前，極大地改變了人們的生活方式，1969年7月11日，數以千萬的美國人守在電視機旁，收看太空人岩士唐踏上月球的第一步。而現在，手提電話這種更便捷的智能產品，再次改變了人們的工作和生活，新型的直播方式，使突破時間和地域障礙的溝通成為可能。**

這段文字主要介紹了：

A. 新的媒體形態和消費方式產生的過程

B. 視覺革命對生活和工作方式的改變

C. 媒體領域出現的技術突破

D. 媒體形態和消費方式的關係

13. **近期網上流傳一種觀點，認為暴利的眼鏡行業造就了99%的近視眼。一些網友稱商家只會一味推銷眼鏡，其實近視後視力仍可恢復，但眼鏡戴了就摘不下來了，因此能不戴眼鏡盡量不要戴。這引發不少人對眼鏡店唯利是圖、賺取暴利的斥責，進而引起關於「越戴眼鏡越近視」的討論。然而臨床研究表明，當青少年時期近視現象被誘發出來後，不管戴不戴眼鏡，近視程度都會不斷加深。這是因為正在成長發育的青少年，他們的眼球也在發育，因而近視的度數並不穩定。但只要準確檢測出近視度數，眼鏡不會成為加深度數的罪魁禍首。**

這段文字意在說明：

A. 佩戴近視眼鏡之後仍可恢復視力

B. 佩戴眼鏡與近視加深完全沒關

C. 近視加深與佩戴眼鏡沒有必然的關係

D. 眼鏡商家並非僅因暴利而推銷眼鏡

14. **葫蘆諧音「福祿」，代表著中國人對美好生活的嚮往，是民族文化基因的重要組成部分。季羨林在對劉堯漢先生所著文章《論中華葫蘆文化》的評述中提到，「中國民族確屬兄弟民族，具有共同的原始葫蘆文化傳統。」葫蘆外形柔和圓潤、線條流暢，上下球體渾然天成，符合「尚和合」「求大同」的理念。「左瓢右瓢，可盛千百福祿;大肚小肚，能容天下萬物。」葫蘆蘊含著多層次的吉祥文化，幸福、平安、和諧、多子等。**

這段文字意在說明葫蘆文化：

A. 源遠流長
B. 與時俱進
C. 內涵豐富
D. 如意吉祥

（二）字詞辨識（8題）

這部分旨在測試考生對漢字的認識或辨認簡化字的能力。

15. **選出沒有錯別字的句子。**
A. 讀書人不應貪圖生活享受，衣取敝寒，食取充腹即可。
B. 新任市長力求興利除弊，整頓長久以來為人垢病的積習。
C. 結婚喜宴席開數百桌太過侈靡，但完全不宴客似乎又矯枉過正。
D. 只重居弟華美卻不重內在修養的俗人，令人相當鄙視。

16. **選出沒有錯別字的句子。**
A. 為了民眾福祉，公務人員應當憚精竭慮全力以付。
B. 經過不眠不休明查暗訪，事情真相終於水落石出。

C. 看到寺廟中信眾虔誠謨拜的模樣，令人深深感動。

D. 親友的關懷，恰如陽光灑入他那悔暗陰霾的心底。

17. 在下列各組成語中，沒有錯別字的一組是：

A. 斷章取義、隨聲附和、世外桃源

B. 並行不背、記憶尤新、疏妝打扮

C. 出奇至勝、挑拔事非、頭暈目炫

D. 繼往開來、碌碌綜生、走頭無路

18. 選出沒有錯別字的成語。

A. 大才小用

B. 見人見知

C. 克舟求劍

D. 破釜沉舟

19. 請選出下面簡化字錯誤對應繁體字的選項。

A. 办→辨

B. 备→備

C. 标→標

D. 笔→筆

20. 請選出下面簡化字錯誤對應繁體字的選項。

A. 飞→飛

B. 谷→穀

C. 负→負

D. 丰→豐

21. 請選出下面繁體字錯誤對應簡化字的選項。

A. 繫→係

B. 飯→饭

C. 導→导

D. 讀→读

22. 請選出下面繁體字錯誤對應簡化字的選項。

A. 斷→断

B. 隊→队

C. 表→衣

D. 圖→图

（三）句子辨析（8題）

這部分旨在考核考生對中文語法的認識，辨析句子結構、邏輯、用詞、組織等能力。

23. 選出沒有語病的句子。

A. 科學家最新研製發現人類並不是宇宙中唯一生命，但可能是第一批智慧生命。

B. 交通擁堵和空氣污染，不僅在香港，同樣是國際性的難題。

C. 1981年6月7日，以色列空軍的戰鬥機悄悄地偷襲了伊拉克的原子能中心。

D. 對外貿易發展不僅對穩住經濟增長、保持就業至關重要，而且有利於促進一個國家的經濟與世界經濟深度融合。

24. **下列語句中，會產生歧義的是：**

A. 網民和專家表示，原因查明後，在對直接責任企業和責任人依法依規嚴厲問責之外，對供水企業、環保、建設等部門也應進行盡職調查。

B. 藏書，傳統意義中高端文雅的興趣愛好，洗去浮華，悄然走進百姓生活。書友們在發黃的書頁中收獲幸福，在浩瀚的書海中淘得快樂。

C. 發展經濟學的理論淵源是人類關於推進社會經濟快速發展的思想。

D. 藝術節的舉辦實際上就是在發掘與追求一種社會認同，並通過藝術節的一系列活動來體現這種認同。

25. **下列語句中，表達準確無誤的是：**

A. 昨晚，歐冠半準決賽陣容揭曉，兩大奪冠熱門拜仁慕尼黑與皇家馬德里狹路相逢，歐洲足壇巔峰之戰將提前上演。

B. 農曆新年長假前兩天，迪士尼公園迎來遊覽高峰，客流量增近五成。

C. 但願鉛水事件能夠成為一面鏡鑒，警醒政府加強水質監管及其信息發布，確保飲用水安全。

D. 和大型外資公司、內地企業進駐大學時「爆棚」的場面不同，昨天的招聘會仍然是供大於求。

26. 下列各句中，沒有語病的一項是：

A. 我看過他寫的一些東西和畫。

B. 這秋蟬的嘶叫，在北平可和。蟀耗子一樣，簡直像是家家戶戶都養在家裡的家蟲。

C. 在經歷了幾千年的封建統治後，人們又開始重視被禁錮的古典文化，並成為人文主義者的武器，用來反對神權。

D. 外國有種説法，「人的一生中有兩件事逃不過去，即納税和死亡。」可見納税是與生活密切相關的。

27. 下列各句中，沒有語病的一句是：

A. 比賽採用馬拉松競賽方法，取男女各前三十名。

B. 丈夫看著妻子黑髮中夾藏著的白髮，妻子看著丈夫臉上的皺紋，兩個人都覺得又增加了幾根。

C. 可當他經過原來的辦公室時，卻聞到撲鼻的酒香、刺耳的狂笑，窗口上那前仰後合的黑影，使他頭皮發炸。

D. 有關專家認為，這部專著標誌著專家的巴克萊研究朝世界一流水平邁進了堅實有力的一大步。

28. 下列各句中，沒有語病的一句是：

A. 看完那部電視劇後，除了螢屏上活躍著的那些人物給我留下的印象之外，我彷彿還感到了一個沒有出場的人物，那就是作者自己。

B. 工廠實行了生產責任制以後，效率有了顯著的提高，每月廢品由原先一千個下降到一百個，廢品率下降了九倍。

C. 法國環境保護團體調查地球上生物的種類急劇減少。

D. 我們一方面要在公司加強培養人才的工作，另一方面要把現有的中年同事用好，把他們的積極性充分調動起來。

29. 下列語句中，沒有語病的一句為：

A. 美國游泳運動員史匹茲拿下7枚金牌，對於游泳愛好者是一點也不陌生。

B. 希臘人當時如能團結，他們不僅可以保存而且可以推廣希臘的文化，敵人雖強亦無可如何，但團結這一點希臘人獨不能做到。

C. 公司多個部門都參加了上周舉行的植樹義工活動，其中包括管理部、營業部、生產部和生產線員工等。

D. 不僅「綠色出行」可以節約能源，而且還能促進身心健康。

30. 下列語句中，沒有語病的一句為：

A. 由於他1米90的身高，順利獲得了進入學校籃球隊的資格。

B. 6月29日，澳門國際機場專營股份有限公司聯同體育發展局舉行「舞動全城歡呼奧運」，以健身操的方式迎接北京奧運會到來。

C. 內容正確與否是衡量作品優劣的一個重要標準。

D. 不管你在一次又一次的智力競賽中名落孫山，但在某一方面，你也許可以發揮你獨有的、奇跡般的創造力，使生活充滿無盡的樂趣。

（四）詞句運用（15題）

這部分旨在測試考生對詞語及句子運用的能力。

31. **及時糾偏，＿＿＿＿＿糾錯，不僅體現一個社會的集體智慧，也是一個國家理性力量的表現。就像當初，如能認識到人口問題的嚴重性，今天解決人口超負荷的難度就會低得多。因此，從及時糾錯的現代理性角度看，適度容忍不同聲音是相當必要的，多元價值的重要意義之一便是達到某種＿＿＿＿＿，以免在一個方向上走得太遠而使糾錯成本過大。**

    A. 盡早　制衡
    B. 徹底　均衡
    C. 公開　均勢
    D. 坦誠　和諧

32. **現代白話文與文言文的區別只是語體的不同，但它們使用的象形表意的方塊字，作為中華民族文化的獨特創造，其中＿＿＿＿＿的民族精神、民族生命是血脈＿＿＿＿＿的。**

    A. 蘊含　貫通
    B. 沉積　相通
    C. 呈現　流通
    D. 體現　連通

33. **哲人說：「你的心態就是你真正的主人。」樂觀向上、心態陽光，即使一時身處困境，仍有「竹杖芒鞋輕勝馬」的＿＿＿＿＿，在茫茫暗夜中亦能讀出星星指引的方向。相反，悲觀低沉、心態消極，＿＿＿＿＿也能感受「夕陽西下，斷腸人在天涯」的悲情，在一懷愁緒中迷失自我。**

A. 堅韌　滄海一粟
B. 曠達　杯水風波
C. 狂喜　瓜田李下
D. 純真　一葉知秋

34. **中國歷史上傳統手工藝的發展，是在＿＿＿＿＿＿地認識和了解從自然界獲取的材料之物理與物性的基礎上進行的。對材料物性的認識與實踐是中國人的＿＿＿＿＿＿，＿＿＿＿＿＿運用材料的物理和物性的知識，才能使傳統手工藝及其產品適用於不同的社會生活需求。**
A. 有效　發現　充份
B. 深入　發明　靈活
C. 正確　創造　合理
D. 科學　發展　準確

35. **隨著信息時代的＿＿＿＿＿＿，人們對計算能力的需求不斷水漲船高，然而現有基於集成電路的傳統計算機卻漸漸潛力耗盡，＿＿＿＿＿＿。科學界認為，下一代計算機將是建立在量子層面的，它將比傳統的計算機數據容量更大，數據處理速度更快。**
A. 到來　無能為力
B. 深入　力不從心
C. 來臨　回天乏術
D. 開啟　力有未逮

36. **大數據時代，正是通過挖掘個人選擇偏好、生活軌跡、金融信用等數據，掌握社會整體的需要、供給和趨勢，從而更好地造福社會。有了大數據，企業可以進行顛覆式創新，創造個性化、定制化的產品。政府部門可以據此提高治理效能，相關政策可以更好辨證施治。對於個人而言，大數據帶來的是更方便、更精準、更有效率。可以說，____________________，正在成為現代社會最重要的進步動力之一。**

A. 大數據使得統計上顯著的相關關係越來越多

B. 大數據日益改變人類日益普及的網絡行為

C. 大數據利用信息技術創造持久有力的競爭優勢

D. 大數據將信息從知識的載體進化為智慧的源泉

37. **除了人類以外的靈長類動物都學不會發聲，沒有模仿所聽到聲音的能力——這種能力對於說話而言必不可少。但近日有研究者表示，靈長類動物能以近乎交談的方式互相呼喊，因為牠們會等待對方呼喊結束再發聲。如果這種技能是後天習得的，那麼它更接近人類的類似技能，因為嬰兒是在咿呀學語的過程中學會這種技能的。這一發現或可幫助我們____________________。**

A. 更好地分析人類交往的方式

B. 更好地理解人類語言的起源

C. 更好地解決人類交流的障礙

D. 更好地探索人類文明的起源

38. 一個多世紀以來，工業領域發生了兩次革命性的管理模式轉換：第一次是以福特流水線為標誌的單一品種大規模生產模式；第二次是以豐田精益生產為標誌的多品種大批量生產模式。互聯網時代，用戶的碎片化需求倒逼新生產模式的出現，即從多品種大批量生產模式，升級為大規模的定制模式。＿＿＿＿＿＿＿＿＿＿。

A. 大規模定制模式則意味著商業模式和管理模式需要創新
B. 傳統的企業制度和管理模式將遭遇顛覆性挑戰
C. 大規模定制模式才是互聯網時代的大勢所趨
D. 推進企業制度的創新是大規模定制模式的內在需求

39. 至少在過去的30年裡，人們一直認為飽和脂防才是飲食中的頭號敵人。在20世紀60年代，當尤德金開展關於糖對人體影響的研究時，在營養學領域中，一種新的理論正在逐漸成形。＿＿＿＿＿＿＿＿＿＿。以尤德金為首的、數量不斷減少的反對者認為，糖比脂肪更易引致肥胖、心臟病和糖尿病等疾病。但是在他著書時，「脂肪假説」的支持者已經控制了這一領域的制高點。

A. 這個理論認為糖是保證人體機能正常運作的必要營養成分
B. 這個理論的中心思想就是低脂飲食才是健康的飲食
C. 這個理論傾向於糖的攝入是各種慢性疾病的主要原因
D. 這個理論對當時盛行的低脂飲食觀念提出有力的挑戰

40. **當我們不再為穿衣和吃飯等基本需求發愁時，＿＿＿＿＿＿＿＿＿＿。我們不僅關注食品、安全、疾病、健康等離我們很近的東西，也開始關注那些雖然離我們十分遙遠，但又根植於我們內心深處的需求。它們或是短小精悍的科普故事，或是數據精準的百科知識，抑或就像中國人過新年、圍觀一場充滿期待的科學盛宴。每個普通人都可以從中尋找到探索的樂趣。**

A. 關注內心需求將成為普遍的社會現象

B. 科學將成為日常生活的重要組成部分

C. 科普講座將構成節日期間的亮麗風景

D. 人們將開始享受探索深層心理的樂趣

41. **選出下列句子的正確排列次序。**

1. **西漢時期的揚雄就提出了「書為心畫」，這個觀念深入人心**
2. **明代湯顯祖寫的《牡丹亭》裡面，柳夢梅則透過自畫像上的題字風格來想像杜麗娘的靈心慧性**
3. **元代王實甫的戲曲《西廂記》中，張君瑞曾通過書信的字跡揣摩崔鶯鶯的心態**
4. **在中國，自古以來，人們普遍認為字跡就是心跡**
5. **這兩個戲曲情節反映了社會大眾對於字跡的普遍認識**

A. 1-3-2-5-4

B. 4-1-3-2-5

C. 4-2-3-1-5

D. 1-2-3-5-4

42. 選出下列句子的正確排列次序。

1. 更令人震驚的是，這些土著們在語言和文化上表現出超乎想像的統一性
2. 他們沒有航海設備，只有原始的舟筏，卻在佔據了將近地球三分之一面積的大洋中，找到了一個個孤懸海上的小島
3. 他們有著相似的風俗習慣，在相隔極遠、完全陌生的島上，竟然可以用同一種語言進行簡單交流
4. 原始的南島語族，創造了航海奇蹟
5. 這使得許多世紀後，「地理大發現」浪潮中駛入太平洋的西方航海家們驚異地發現，幾乎他們每找到一處新的島嶼，都已有了土著們居住過的痕跡
6. 然後定居其上，傳承和發展著自己的文化

A. 4-5-2-1-3-6

B. 4-2-6-5-1-3

C. 2-6-5-4-3-1

D. 3-1-2-6-4-5

43. 選出下列句子的正確排列次序。

1. 我們要感恩大自然賦予我們生命，感恩大自然賦予我們豐富的生活資源
2. 宋代張載指出：「乾曰父，坤曰母」，就是說天就是我們的父親，地就是我們的母親
3. 我們要樹立與天地萬物同屬一個生命世界、生死與共的天人觀，樹立感恩自然、愛護自然的大自然觀、大環境觀和大生態觀
4. 大自然是我們生命所來與所歸的地方，我們來自自然，在自然中生息，到最後又回歸自然
5. 陽光、空氣和水，人們須臾不可離，沒有大自然，人就無法生活和生存，人與自然生死攸關
6. 沒有自然界，就沒有我們的一切

A. 6-4-2-5-1-3
B. 3-1-5-4-2-6
C. 2-4-3-1-6-5
D. 4-2-6-1-5-3

44. 選出下列句子的正確排列次序。

1. 五代至北宋時期，人們用絲線或馬尾線把所設計的圖案編在抄紙的竹簾上
2. 故宮博物院藏北宋李建中「同年帖」，紙面上就有波浪紋圖案
3. 在唐代，經過染黃黃檗、塗蠟燙平加工而成的硬黃紙，防蠹防潮，能長久保存
4. 因為有圖案的地方抄紙時纖維層較薄，所以製出來的紙「水印」赫然
5. 造紙術是中國古代四大發明之一，其工藝技術不斷推陳出新
6. 初唐寫本「妙法蓮花經」，王羲之「萬歲通天帖」摹本，用的都是這種紙

A. 2-4-6-5-3-1

B. 2-3-6-5-4-1

C. 5-3-6-1-4-2

D. 5-3-6-2-1-4

45. 選出下列句子的正確排列次序。

1. 海德堡大學的專家發現在動物大腦中有一個「熱傳感器」
2. 在身體發燒的時候，這種特殊的腦神經細胞中的蛋白質會釋放降溫信號，調節體溫
3. 它是大腦神經細胞中的一種特殊蛋白質，被稱為TRPM2蛋白質
4. 盡管已知大腦中被稱為下丘腦的區域可能對調溫起作用，但科學家們並不清楚哪些神經細胞何時起作用，以及通過何種分子訊號途徑來測量
5. 研究人員一直猜測是動物的大腦存在某種控溫機制
6. 關於人及溫血動物的體溫調節機制，人們之前並不清楚

A. 5-1-3-2-6-4

B. 1-2-3-4-5-6

C. 6-4-5-1-3-2

D. 4-6-3-5-2-1

- 全卷完 -

CRE-BLNST

文化會社出版社 **CULTURE CROSS LIMITED**

答題紙 ANSWER SHEET

請在此貼上電腦條碼 Please stick the barcode label here

(1) 考生編號 Candidate No.

(2) 考生姓名 Name of Candidate

(3) 考生簽署 Signature of Candidate

宜用H.B.鉛筆作答
You are advised to use H.B. Pencils

考生須依照下圖所示填畫答案：

23 A B C D E

錯填答案可使用潔淨膠擦將筆痕徹底擦去。
切勿摺皺此答題紙

Mark your answer as follows:

23 A B C D E

Wrong marks should be completely erased with a clean rubber.

DO NOT FOLD THIS SHEET

1	A	B	C	D	E	21	A	B	C	D	E
2	A	B	C	D	E	22	A	B	C	D	E
3	A	B	C	D	E	23	A	B	C	D	E
4	A	B	C	D	E	24	A	B	C	D	E
5	A	B	C	D	E	25	A	B	C	D	E
6	A	B	C	D	E	26	A	B	C	D	E
7	A	B	C	D	E	27	A	B	C	D	E
8	A	B	C	D	E	28	A	B	C	D	E
9	A	B	C	D	E	29	A	B	C	D	E
10	A	B	C	D	E	30	A	B	C	D	E
11	A	B	C	D	E	31	A	B	C	D	E
12	A	B	C	D	E	32	A	B	C	D	E
13	A	B	C	D	E	33	A	B	C	D	E
14	A	B	C	D	E	34	A	B	C	D	E
15	A	B	C	D	E	35	A	B	C	D	E
16	A	B	C	D	E	36	A	B	C	D	E
17	A	B	C	D	E	37	A	B	C	D	E
18	A	B	C	D	E	38	A	B	C	D	E
19	A	B	C	D	E	39	A	B	C	D	E
20	A	B	C	D	E	40	A	B	C	D	E

MC

文化會社出版社
投考公務員 模擬試題王

中文運用
模擬試卷（二）

時間：四十五分鐘

考生須知：

（一） 細讀答題紙上的指示。宣布開考後，考生須首先於適當位置貼上電腦條碼及填上各項所需資料。宣布停筆後，考生不會獲得額外時間貼上電腦條碼。

（二） 試場主任宣布開卷後，考生請檢查試題冊及確定試題冊內共四十五條試題。第四十五條後會有「**全卷完**」的字眼。

（三） 本試卷各題佔分相等。

（四） **本試卷全部試題均須回答**。為便於修正答案，考生宜用HB鉛筆把答案填畫在答題紙上。錯誤答案可用潔淨膠擦將筆痕徹底擦去。考生須清楚填畫答案，否則會因答案未能被辨認而失分。

（五） 每題只可填畫**一個**答案。如填劃超過一個答案，該題將**不獲評分**。

（六） 答案錯誤，不另扣分。

（七） 未經許可，請勿打開試題冊。

CC-CRE-UC

（一）閱讀理解

I. 文章閱讀（8題）

在這部分，考生須閱讀一篇題材與日常生活或工作有關的文章，然後回答問題。題目在於測試考生在理解和掌握文章意旨、深層意義、辨別事實與意見、詮釋資料等方面的能力。

AlphAGo（阿爾法圍棋程序）總體上由三個神經網絡構成，以下把它們簡單稱為「兩個大腦」。這只是一個比喻。在對弈時，這兩個大腦是這樣協同工作的：第一個大腦的簡單模式會判斷出在當前局面下有哪些走法值得考慮。第一個大腦的複雜模式通過蒙特卡洛樹來展開各種走法，即所謂的「算棋」，以判斷每種走法的優劣。在這個計算過程中，第二個大腦會協助第一個大腦通過判斷局面來砍掉大量不值得深入考慮的分岔樹，從而大大提高計算效率。與此同時，第二個大腦通過分析下一步棋導致的新局面的優劣也能給出關於下一步棋的建議。最後，兩個大腦的建議被平均加權，做出最終的決定。

其實，這兩個大腦的工作方式確實和人類很相似，一個＿＿＿＿＿＿細節，一個＿＿＿＿＿＿全局。但AlphAGo最終結合兩者的方式相當簡單粗暴：讓兩者各自評估一下每種可能的優劣，然後取一個平均數，這可絕不是人類的思維方式。

對人類來說，這兩種思考問題方式的結合要複雜得多——不僅僅在圍棋中是這樣。人們並不總是同時對事態做出宏觀和微觀的判斷，而是有時側重於大局，有時側重於局部。具體的精力分配取決於事態本身，也取決於人在當時的情緒、心理和潛意識的應激反應。這當然是人類不完美之處，但也是人類行為豐富性的源泉。

為什麼要讓人工智能去下圍棋？有很多理由。但在我看來最重要的一個，是能夠讓我們更深入地理解智能的本質。

神經網絡和機器學習在過去十年裡躍進式的發展，確實讓人工智能做到許多之前只有人腦才能做到的事，但這並不意味著人工智能的思維方式接近了人類。而且吊詭的是，人工智能在計算能力上的巨大進步，反而掩蓋了它在學習人類思維方式上的短板。和國際象棋中的深藍系統相比，AlphAGo已經和人類接近了許多，深藍仍然依賴人類外部定義的價值函數，所以本質上只是個高效計算器。但AlphAGo的價值判斷是自我習得的，這就有了人的影子，而且AlphACo的進步依賴於海量的自我對局數目，這當然是它的長處，但也恰好説明它並未真正掌握人類的學習能力。一個人類棋手一生至多下幾千局棋，就能掌握 AlphAGo在幾百萬局棋中所訓練出的判斷力，這足以證明，人類學習過程中還有某種本質是暫時無法用當前的神經網絡程序來刻劃的。

這當然不是説AlphAGo應該試圖去複製一個人類棋手的大腦，但是AlphAGo的意義也不應該僅僅反映在它最終的棋力上。它是如何成長的？它的不同參數設置如何影響它的綜合能力？如果有其他水平相當的人工智能和它反覆對奕，它能否從對方身上「學到」和自我對弈不同的能力？對這些問題的研究和回答，恐怕比單純觀察它是否有朝一日能夠超越人類重要得多。

01. 下列關於AlphAGo的説法與文意不符的是：

A. 兩個大腦的工作方式有很大差異

B. 第二個大腦主要提高計算效率

C. 兩個大腦在工作中並不區分主次

D. 最終決定綜合兩個大腦的計算結果

02. 依次填入文中畫橫線處最恰當的一項是：

A. 研究　觀察

B. 判斷　縱覺

C. 斟酌　掌控

D. 著眼　照顧

03. 文章認為「兩個大腦」與人類大腦根本的不同在於：

A. 人的大腦會受情緒心理等因素的干擾

B. 人的大腦有時會出現考慮不周的情況

C. 人腦對事物的思考要比電腦複雜得多

D. 人腦對大局或者局部的側重並不等同

04. 作者認為，研究AlphAGo與棋手對弈的重要意義在於：

A. 幫助人類理解人的大腦究竟如何進行工作

B. 幫助人類了解探討大腦思維方式的短板

C. 測試人工智能的思維能否最終戰勝人類大腦

D. 探究人工智能可以替代人腦做哪些具體工作

05. 下列最適合做文章標題的是：

A. AlphAGo能戰勝人腦嗎

B. 人工智能的未來

C. AlphAGo帶來的思考

D. 兩個大腦的秘密

06. AlphAGo（阿爾法圍棋程序）總體上由幾多個神經網絡構成？

A. 兩個

B. 三個

C. 四個

D. 文中沒有提及

07. 和國際象棋中的深藍系統相比，AlphAGo有什麼特別？

A. 已經和人類接近了許多

B. 跟人類還相差得遠

C. 可以直接取代人類

D. 文中沒有提及

08. 人們的腦部是如何運作？

A. 只側重於大局

B. 只側重於局部

C. 有時側重於大局，有時側重於局部

D. 沒有思考力

II. 片段/語段閱讀（6題）

這部分是測試考生在閱讀個別片段／語段時能否理解該段文字的含義或引申出來的觀點，找出支持或否定某些觀點的選項，或選出最能概括該段文字的一句話等。

09. 犯其至難方能圖其至遠。一棵樹苗，必須經歷風吹、雨淋、日曬、蟲害等挑戰，才能長成參天大樹；一個人，也要經受意志、耐心、定力、孤獨等考驗，方能成長。沒有在惡劣條件下的摸爬滾打，不經受心理上的輾轉反側乃至痛苦煎熬，就很難獲得應對困難的「免疫力」，讓內心真正強大起來，做到「逢辱而不驚，遇屈而不亂」。

下列與這段文字表達的意思最為貼近的一項是：

A. 只要功夫深，鐵杵磨成針

B. 工欲善其事，必先利其器

C. 任憑風浪起，穩坐釣魚台

D. 成人不自在，自在不成人

10. **當所有人瀏覽著同一則新聞，當朋友圈都在發同一條信息，當地鐵上彼此陌生的人盯住各自的手機卻在分享同樣的東西，當整天大家討論的話題早已被規設好了，我們所能獲得的信息量是減少了，還是增多了呢？我們所關注的視野領域是縮減了，還是拓展了呢？我們討論的公共話題價值是更局限了，還是更有普遍性了呢？常識告訴我們：當大家把目光都投向同樣的問題，這個如此豐富的社會所提出的那麼多問題，就可能會被屏蔽，而它們同樣是這個社會存在的部分，基至是更重要的部分。**

作者通過這段話想要表達的觀點是：

A. 當今社會「低頭族」已成為一大社會性問題

B. 「朋友圈」的信息誤人子弟

C. 網絡信息量有待增加

D. 現有的網絡信息供給模式，損害了信息的多樣性

11. **實際上，實地調研、田野考察，應該成為一切社會科學普遍運用的最基本的研究方法之一。遺憾的是，有些學科在迅速發展它的邏輯分析工具和數學描述語言的同時，在很大程度上拋棄了這個優秀的傳統，研究者僅依賴那些來自統計年鑒的數據，進行邏輯推理和計量建模，而忽視了直接從真實世界獲得鮮活的理論靈感和真實數據。**

這段文字主要討論「社會科學」的：

A. 分析工具

B. 數據處理

C. 優秀傳統

D. 研究方法

12. **立法者希望通過法律文本語言向社會傳遞其價值立場。而要準確理解和嚴格遵守法律語言背後的價值立場，就需要對法律文本語言進行解釋。以一般的、抽象的形式表達出來的法條最終需要適用於特殊的具體個案。法官需要解決的一個前提性問題就在於，該具體情形是否屬於一般性規定所涵涉的範圍，而回答這一問題的過程本身就是一個解釋的過程。**

    這段文字著重強調的是：

    A. 法律解釋的必要性

    B. 法律文本應通俗易懂

    C. 法官應準確理解法條

    D. 法條適用個案需具體化

13. **提升公民科學質素是加快經濟發展方式轉變的迫切要求。一個國家的核心競爭力和強大後勁取決於包括科學質素在內的國民質素的不斷提升，實施創新驅動發展戰略，把經濟增長方式轉移到推動科技進步和提高勞動者質素上來，需要有數以億計的高質素勞動者和數以千萬計的能工巧匠。沒有公民科學質素的普遍提高，就難以建立起龐大的高質素勞動大軍，難以將科學成果快速轉化為現實的經濟實力。**

這段文字主要討論的是：

A. 公民科學質素同樣是核心競爭力

B. 時代呼喚高質素的勞動大軍

C. 經濟發展方式轉變是當務之急

D. 推動科技成果轉化為經濟實力

14. **寫作事實上不但是為了向外發表、貢獻社會，同時也是研究工作的最後階段，而且是最重要、最嚴肅的階段。不形成文章，根本就沒有完成研究工作，學問也沒有成熟。常有人說：「某人的學問極好，可惜不寫作。」事實上，此話大有問題。某人可能學識豐富，也有見解，但不寫作為文，他的學問就只停留在見解看法的階段，沒有經過嚴肅的思考與整理，就不可能真正是系統的。**

這段文字主要強調了：

A. 論文寫作的重要性

B. 科學研究的首要目的

C. 研究工作的評價標準

D. 知識與實踐的內在關係

（二）字詞辨識（8題）

這部分旨在測試考生對漢字的認識或辨認簡化字的能力。

15. 選出沒有錯別字的成語。

A. 實事求事

B. 費煞思量

C. 發人深醒

D. 有持無恐

16. 選出沒有錯別字的句子。

A. 民主的社會，掌權者絕不宜隨興之所至而任意作為，應共同維繫法紀，創造和諧的環境。

B. 碧波萬傾的海面下，雖蘊藏豐富的魚類資源，但唯有妥善開發，才能享有永不匱乏的生活。

C. 凡是對人群有無供獻的人，不管他的身分、地位是什麼，都是大家學習的楷模。

D. 只從書本中學習，即使學得好，也是有限的，對於真正學問的穫得，終究不足。

17. 下列文句何者沒有錯別字？

A. 明日請早，以免向偶。

B. 這場比賽，我們的勝利垂手可得。

C. 暗夜醒來，她常常哭到不能自己。

D. 超級市場特賣，消費者無不趨之若鶩。

A. A、C

B. B、C

C. A、D

D. B、D

18. **下列哪句沒有錯別字？**

A. 櫥窗裡擺設了許多小巧玲瓏的水晶飾品。

B. 土豪劣伸常仗恃自己的勢力，在地方上橫行霸道，為非作歹。

C. 士可殺不可辱，要殺要刮，任憑處置。

D. 他犯了法，在警局中不僅不認罪，還大勢咆哮。

19. **請選出下面簡化字錯誤對應繁體字的選項。**

A. 团→團

B. 态→態

C. 谈→淡

D. 农→農

20. **請選出下面簡化字錯誤對應繁體字的選項。**

A. 脑→腦

B. 论→論

C. 类→糞

D. 离→離

21. **請選出下面繁體字錯誤對應簡化字的選項。**

A. 厝→昔

B. 領→领

C. 歷→历

D. 羅→罗

22. 請選出下面繁體字錯誤對應簡化字的選項。

A. 淚→泪

B. 該→该

C. 划→戈

D. 夠→够

（三）句子辨析（8題）

這部分旨在考核考生對中文語法的認識，辨析句子結構、邏輯、用詞、組織等能力。

23. 下列語句中，有語病的一項是：

A. 據專家介紹，佔地17畝的博物館將與鄰近廣場的建築風格相融合，具傳統、時尚的特色。

B. 青蟹的第四對足肩平似槳，所以游泳的本領很拿手。

C. 從第一聲啼哭開始，眼淚便成為人成長道路上不可或缺的點綴，心靈創傷、肉體疼痛等原因都可能使人落淚。

D. 關於給乙肝病毒攜帶者頒發健康證的問題，衛生局相關文件從理論和政策兩方面做了明確的規定和詳細的説明。

24. 下列語句中，有語病的一句是：

A. 好的作品，是經得起反覆閱讀，反覆評論的，包括否定性的批評。

B. 剛剛三歲大的美奈子的妹妹千代子不久病死在救世軍醫院。

C. 莊子是老子的得意門生，正如孟子是孔子的得意門生一樣，兩人的生存年月和他們的老師隔了差不多一百年。

D. 一個熱忱的、悠遊自在的、無恐懼的人，是最能夠享受人生的理想性格。

25. **下列各句中，沒有語病的一句是：**

A. 有人認為，不少電影劇本浮在生活表面，對題材挖掘不夠深，這是阻礙香港電影在國際影壇上走得更遠，不能獲得更多國際大獎的最大障礙。

B. 某大學工商管理學院在課程設置上除了專業課、外語課、政治理論課，還包括演講與口才、基礎寫作等課程，以進一步提高説寫方面的技能。

C. 他的話音剛落，冷不防臉頰上火辣辣地被挨上了一記耳刮子。

D. 有的人喜歡把成功的希望寄托在諸如命運和星座這些東西或其他人身上，有的人則懂得什麼事都要靠自己、積極地尋找機會並努力工作。

26. **下列語句中，沒有語病的一句為：**

A. 一個人自學是否成功，關鍵在於內因起決定作用。

B. 有沒有遠大的抱負和頑強的意志，是一個人取得成功的關鍵。

C.「推動科學發展，促進社會和諧」是政府今年度施政的主題，它向外國社會表達了市民對內致力於構建和諧社會，對外努力建設和平繁榮的美好世界。

D. 但議和領導世界上第一次測量子午線的是中國唐代天文學家僧一行。

27. **下列句了中，沒有語病的一項是：**

A. 俗話説：「上有天堂，下有蘇杭。」的確如此，而且春天的西湖是最美麗的季節。

B. 現在，電腦已經廣泛應用到各行各業，這就要求我們必須盡快提高和造就一大批專業技術人才。

C. 人們的悲哀在於，應該珍惜的時候不懂得珍惜，而懂得珍惜的時候卻失去了珍惜的機會。

D. 有一次，我照例像往常一樣為旅客倒茶送水，拖地板。

28. **下列選項中，沒有語病的一句為：**

A. 同學們懷著崇敬的心情注視和傾聽著這位見義勇為的英雄的報告，都被他那捨己為人的精神深深感染了。

B. 今年年初英、美兩國曾集結了令人威懾的軍事力量，使海灣地區一度戰雲密佈。

C. 敵人散佈種種謠言，妄圖破壞盟友的團結。

D. 一位優秀的有30多年教齡的中文大學中文系教授。

29. **下列句子中，沒有語病的一句是：**

A. 由於《唐詩三百首》具有特色，問世以後300年來，因選詩簡要，極便習誦，故至今流傳十分廣泛。

B. 這次會晤的主要意義，在於善意姿態和歷史方向，在於具體互惠措施的落實。

C. 隨著科技日新月異的發展，電腦已成為人們不可或缺的工具，在人們的學習和工作中發揮著重要的作用。

D. 人們一走進公司大樓就會看到，所有關於中國歷史的圖片和宣傳畫都被掛在宣傳櫥窗上。

30. 下列各句中，沒有語病的一項是：

A. 霧霾天氣持續了近一個月，政府有關部門的發言人說，政府的當務之急就是在於控制好那些廢氣排量超標數十倍的車輛。

B. 今年仍是「民生改善年」，台灣各市八個調研組分別深入到各區縣、社區和居民家中，聽取群眾意見，充實、完善和修改為民辦實事的具體方案。

C. 面對每逢節日快遞需求緊張的局面，快遞業應盡快提高從業人員的本地化比例，將採用加盟模式的民營快遞企業轉型為自營為主的模式。

D. 正如遠緣雜交可培育出品質更為優秀的後代一樣，表面上隔行如隔山的不同專業、不同學科的交流，往往能撞擊出天才的思想火花。

（四）詞句運用（15題）

這部分旨在測試考生對詞語及句子運用的能力。

31. 隨著國際反腐合作深化，外逃腐敗分子難逃__________的命運。

A. 害群之馬

B. 甕中之鱉

C. 井底之蛙

D. 涸轍之鮒

32. 一本好的社會科學著作，不僅應該做到於無聲處聽驚雷，在瑣屑的生活細節中__________，而且應該讓讀者在閱讀的過程中，情不自禁地借助作者的方法去檢驗生活和理解社會。

A. 見微知著

B. 管中窺豹

C. 一葉知秋

D. 洞若觀火

33. **盯著名利幹事，難免__________，欲速則不達；盯著責任幹事，「不聞掌聲」而__________，才能最終贏得掌聲。**

A. 急功近利　心無旁騖

B. 急公好義　心懷大局

C. 患得患失　心胸開闊

D. 斤斤計較　心無二用

34. **當你打開書想在書中找到平靜的時候，最初的幾頁是很難讀進去的。最初的幾頁讀完後，你就會覺得好書真像是一堵牆，把街面上的__________還有喧囂的聲音阻攔在了外邊。你似乎可以在__________裡聞到花香，聽到鳥鳴，大自然彷彿又回到了你的身邊。**

A. 車水馬龍　白紙黑字

B. 紙醉金迷　字裡行間

C. 燈紅酒綠　語言文字

D. 紅男綠女　字字句句

35. **蘇軾也擅長書法，他__________顏真卿，但能__________，與蔡襄、黃庭堅、米芾並稱宋代四大家。**

A. 效法　別開生面

B. 模仿　獨樹一幟

C. 取法　不落窠臼

D. 仿照　匠心獨運

36. **在人類的歷史上，文明衝突的現象一直存在，或者說，政治和經濟的利益常常披著文明精神的外衣發生衝突。但另一方面，＿＿＿＿＿＿＿＿＿＿＿。甚至可以說，衝突具有短暫性，而融合具有留存性和長遠性。在許多情況下，衝突本身也成為融合的工具。**

A. 文明更是融合的

B. 歷史更是融合的

C. 文明也是融合的

D. 歷史也是融合的

37. **俄國著名劇作家果戈理說：「當詩歌和傳說都緘默的時候，只有建築在說話。」建築是凝固的歷史、時代的縮影，一座沒有老建築的城市相當於沒有靈魂。如果不對歷史文化建築好好保護，本能「說話」的歷史文化建築也會湮沒在歷史的塵埃裡。只有保護和利用好這些老建築，才能留住城市的歷史和文化化。否則，＿＿＿＿＿＿＿＿＿＿＿。**

A. 一切都無所作為

B. 一切都無從談起

C. 一切都無計可施

D. 一切都無聲無息

38. **在20世紀70至90年代，帶有多個短波波段的便攜式收音機是全球流行的小型電器，人們通過短波收聽國際新聞、追逐世界潮流，甚至通過短波學外語、交友。「十波段」便攜式收音機的不再流行始於上世紀末網絡時代的到來，同樣是追逐國際信息，網絡資訊無論在速度、數量、覆蓋面等，各方面都遠勝傳統的短波電台。強大的網絡衝擊，令許多傳統的短波電台或關門大吉，或轉入在線服務，或縮減語種、波段、廣播時數。紅極一時的「十波段」自然也就「＿＿＿＿＿＿＿＿＿＿＿」了。**

A. 耳聽方虛，眼見為實
B. 皮之不存，毛將焉附
C. 言之無文，行而不遠
D. 失之毫釐，謬之千里

39. 天文學家認為，整個地球都是由環繞早期太陽的塵埃造就的。太陽系中的固態物質概莫如此。____________________？這一直是個未解之謎。

A. 那麼，固態物質又從哪裡來呢
B. 但是，塵埃本身又從哪裡來呢
C. 天文學家的觀點可靠嗎
D. 為什麼天文學家這樣看呢

40. 風是地球上空的傳送帶，它將大陸的沙塵吹向海洋，又將海洋的水氣吹向大陸，沙塵和水氣相遇，便能結合為雲，最終化作降雨，可見沙塵不僅在土壤的分布和補充上扮演著重要的角色，而且在全球的水循環上也扮演著重要的角色。可以說，____________________。

A. 決定全球生態的平衡因子是沙塵
B. 風使全球生態達到平衡狀態
C. 全球生態的平衡因子取決於風向
D. 沙塵也是決定全球生態的平衡因子

41. 選出下列句子的正確排列次序。

1. 亞投行立足亞洲，面向世界
2. 亞洲路通、物通、貿通，還將輻射到世界各國各地區，帶動更為廣闊地區基建的普遍發展
3. 根據它的頂層設計，亞投行的運行與發展將普遍惠及整個亞洲，並溢出亞太，走向全球
4. 所以，亞投行的建設，其意義超越一個或幾個雙邊自貿區，並為自貿升級提供基礎與後勤的有力保障

A. 1-2-3-4

B. 1-3-2-4

C. 1-4-3-2

D. 1-3-4-2

42. 選出下列句子的正確排列次序。

1. 同一，是因為所有的現代人都是大約二十萬年前從同一個人群繁衍下來的
2. 分佈各地的各個所謂種族也彼此雜居、通婚
3. 遺傳學家們早就意識到，人類的生物學特徵是既同一又多樣的
4. 因此，將人類劃分為幾個種族，只有社會、文化意義，沒有生物學意義
5. 處於這個連續譜帶兩端的群體，比如東亞人、北歐人、南非人，他們的特徵差異是明顯的，但是中間還存在著大量的難以劃分的族群
6. 因此人類身體特徵的變異，並不具有明顯的界限，而是一條連續的譜帶

A. 3-1-2-6-5-4

B. 3-1-6-2-4-5

C. 6-5-2-1-3-4

D. 6-1-2-4-5-3

43. 選出下列句子的正確排列次序。

1. 回顧人類法律發展史，我們也能看到法律的發展過程在很大程度上是法官不斷補充完善法律規則、填補法律漏洞的過程

2. 即使法律再完備也不能包羅萬像，總是會給法官留下大量的解釋空間

3. 法律只有借助法官的解釋才能實現對社會生活的有效規範

4. 法典由法律語言構成，法律語言描述功能和信息載體功能十分有限，無法涵蓋與描述全部的社會生活

5. 有的立法者希望通過立法本身的高度完善去消除法律解釋活動的必要性，但事實證明是徒勞的

A. 2-1-5-4-3

B. 1-5-4-3-2

C. 1-4-5-3-2

D. 2-1-3-4-5

44. 選出下列句子的正確排列次序。

1. 所以，在醫生准入這件事情上，任何國家都不敢「任性」，寧缺毋濫
2. 良醫治病，庸醫要命
3. 讓不合格的人穿上大白褂，等於讓「隱形殺手」混入醫生隊伍
4. 而庸醫之害，甚於無醫
5. 醫生有良醫和庸醫之分
6. 如果良醫短缺了，就用庸醫來充數，無異於飲鳩止渴，拿人命當兒戲
7. 降低當醫生的門檻，必然導致醫療質量下降，最終受害的是患者

A. 7-5-2-6-3-4-1

B. 3-6-5-2-4-7-1

C. 5-2-4-6-7-3-1

D. 6-5-4-7-2-3-1

45. 選出下列句子的正確排列次序。

1. 甲午戰爭前後共舉辦15年，有七期畢業生
2. 最早興辦的新式軍事教育機構是1885年李鴻章於天津設立的武備學堂
3. 據史載，最早裝備西洋新式武器的大規模部隊是太平天國末期的淮軍
4. 但他們後來成為袁世凱編練新軍的主要幹部，也構成後來北洋系軍閥的骨幹
5. 該學堂的設立本是中法戰爭的結果之一，目的是培養下級軍士和軍官
6. 其畢業生在當時處於低位，在甲午等戰事中發揮作用甚少

A. 2-1-5-6-4-3

B. 3-2-5-1-6-4

C. 2-3-6-1-5-4

D. 3-2-6-1-4-5

- 全卷完 -

CRE-BLNST

文化會社出版社 **CULTURE CROSS LIMITED**

答題紙 ANSWER SHEET

請在此貼上電腦條碼
Please stick the barcode label here

(1) 考生編號 Candidate No.

(2) 考生姓名 Name of Candidate

(3) 考生簽署 Signature of Candidate

宜用H.B.鉛筆作答
You are advised to use H.B. Pencils

考生須依照下圖所示填畫答案：

23 A B C D E

錯填答案可使用潔淨膠擦將筆痕徹底擦去。

切勿摺皺此答題紙

Mark your answer as follows:

23 A B C D E

Wrong marks should be completely erased with a clean rubber.

DO NOT FOLD THIS SHEET

No.						No.					
1	A	B	C	D	E	21	A	B	C	D	E
2	A	B	C	D	E	22	A	B	C	D	E
3	A	B	C	D	E	23	A	B	C	D	E
4	A	B	C	D	E	24	A	B	C	D	E
5	A	B	C	D	E	25	A	B	C	D	E
6	A	B	C	D	E	26	A	B	C	D	E
7	A	B	C	D	E	27	A	B	C	D	E
8	A	B	C	D	E	28	A	B	C	D	E
9	A	B	C	D	E	29	A	B	C	D	E
10	A	B	C	D	E	30	A	B	C	D	E
11	A	B	C	D	E	31	A	B	C	D	E
12	A	B	C	D	E	32	A	B	C	D	E
13	A	B	C	D	E	33	A	B	C	D	E
14	A	B	C	D	E	34	A	B	C	D	E
15	A	B	C	D	E	35	A	B	C	D	E
16	A	B	C	D	E	36	A	B	C	D	E
17	A	B	C	D	E	37	A	B	C	D	E
18	A	B	C	D	E	38	A	B	C	D	E
19	A	B	C	D	E	39	A	B	C	D	E
20	A	B	C	D	E	40	A	B	C	D	E

文化會社出版社
投考公務員 模擬試題王

中文運用
模擬試卷（三）

時間：四十五分鐘

考生須知：

（一） 細讀答題紙上的指示。宣布開考後，考生須首先於適當位置貼上電腦條碼及填上各項所需資料。宣布停筆後，考生不會獲得額外時間貼上電腦條碼。

（二） 試場主任宣布開卷後，考生請檢查試題冊及確定試題冊內共四十五條試題。第四十五條後會有「**全卷完**」的字眼。

（三） 本試卷各題佔分相等。

（四） **本試卷全部試題均須回答**。為便於修正答案，考生宜用HB鉛筆把答案填畫在答題紙上。錯誤答案可用潔淨膠擦將筆痕徹底擦去。考生須清楚填畫答案，否則會因答案未能被辨認而失分。

（五） 每題只可填畫**一個**答案。如填劃超過一個答案，該題將**不獲評分**。

（六） 答案錯誤，不另扣分。

（七） 未經許可，請勿打開試題冊。

CC-CRE-UC

(一)閱讀理解

I. 文章閱讀(8題)

在這部分,考生須閱讀一篇題材與日常生活或工作有關的文章,然後回答問題。題目在於測試考生在理解和掌握文章意旨、深層意義、辨別事實與意見、詮釋資料等方面的能力。

紐約的曼克頓城區是全世界高樓密度最大的地方,狹窄的街道卻能看到陽光,這裡是世界上行人密度最高的地方,但行人卻不會感到擁堵。曼克頓城區林立的高樓大都是竹筍般的退台式建築,保證了陽光的照射路徑,街道對行人也非常友好,摩天大樓紛紛將寶貴的底層留空,作為行人行走、休憩的公共空間,狹窄的街道事實上被拓寬了。是什麼原因,讓陽光從高樓的狹縫中打在紐約的街道上,讓開發商奢侈地放棄建築底層,「好心」考慮行人的需求?

20世紀初,紐約市迅猛發展,地產商紛紛投資曼克頓,諸多摩天大樓拔地而起。黃金地段自然價格不菲,出於經濟考慮、地產商對建築師提出了在當時非常具有挑戰性的要求——建造高度更高、面積最大的摩天大樓。從審美角度來說,這是一場災難——曼克頓城市用地被臃腫、龐大的建築體塊佔滿,狹窄的街道終年不見陽光,陰暗、逼仄,空氣非常渾濁,城市環境日漸惡化。著名的醜陋項目哈德遜園區,就是當時建築風格的代表之一,容積率驚人,體量巨大,不僅阻擋了周邊地塊建築的彩光和通風,1.3萬人的容量也給交通和服務造成不少的壓力。冬季,哈德遜園區形成面積高達2.6公頃的陰影,相當於自身面積的6倍,直接造成周邊地塊辦公樓出租率下降。

紐約市敏銳地意識到這種問題。1916年,紐約出台了區劃法案,旨在遏制這種貪婪攫取空間的趨勢。法案明確規定了地塊中建築高度和體量的標準——地產開發者可以在一定的高度限制範圍內，在用地上保持100%的建築密度；超過這一高度，則應讓出臨街一側的空間：如果更高，則繼續讓出面積。只有建築體量出讓到一定程度，即主樓的平面面積少於用地面積的25%時，才不必繼續後退。這部分改善了曼克頓的街道環境，此後的建築形體也變得稍微克制、美觀起來，從平頂、方盒子形狀，向山坡般跌落式轉變。帝國大廈、克萊斯勒大廈等就是退台式建築的代表。這種建築形態，被人們戲稱為「婚禮蛋糕」或「巴比倫塔」。區劃法案頒布後的近40年中，紐約新建成的摩天大樓無一不層層後退。

如果一直如此，類似帝國大廈的建築早就應該佔領曼克頓了，相似的退台式建的會成為紐約統一的建築風格，紐約的立法者應該感到欣慰。直到1952年，一名富有創造性的建築師用全新的方案，巧妙地糅合法案要求、建築美感、商業需要於一身，引領了20世紀中期曼克頓的建築時尚。他的作品就是利華大廈。

01. 關於哈德遜園，下列說法正確的是：

A. 容積率很高

B. 佔地面積小

C. 改善了周邊彩光

D. 擴大了公共空間

02. 退台式高樓看起來不像：

A. 多層蛋糕

B. 竹笋

C. 方盒

D. 山坡

03. 1916年，紐約推出區劃法案的主要目的是：

A. 保證足夠的建築間距

B. 限制建築用地的擴大

C. 改善街道的整體環境

D. 滿足地產商的商業需要

04. 根據本文，接下來最可能介紹：

A. 區劃法案的修訂

B. 一位著名的建築師

C. 中國的摩天大樓

D. 新建築時尚的代表

05. 這篇文章的主題是：

A. 美國紐約的經典建築

B. 美國摩天樓管理經驗

C. 二十世紀美國的建築師

D. 法律對城市生活的影響

06. 哈德遜園區是：

A. 一項華麗的建築項目

B. 一項古舊的建築項目

C. 一項醜陋的建築項目

D. 一項不予置評的建築項目

07. 一名富創造性的建築師用全新的方案，巧妙地建成：

A. 利華大廈

B. 哈德遜園區

C. 曼克頓城區

D. 帝國大廈

08. 1916年，紐約推出區劃法案，旨在：

A. 提升周邊地塊辦公樓出租率

B. 將紐約的曼克頓城區打造成全球高樓密度最大的地方

C. 遏制貪婪攫取空間的趨勢

D. 文中沒有提及

II. 片段/語段閱讀（6題）

這部分是測試考生在閱讀個別片段／語段時能否理解該段文字的含義或引申出來的觀點，找出支持或否定某些觀點的選項，或選出最能概括該段文字的一句話等。

09. 如今，圖書信息浩如煙海，表面上看，讀者具有無限的自由度，可以在茫茫書海中自由選擇，但事實上，他們無形中成了大眾媒介的俘虜。大眾媒介具有強大的議程設置功能，它們通過圖書廣告、閱讀排行榜、書評人推介，對圖書進行定向推送，最後呈現在讀者眼前的，往往只是一個狹窄的閱讀菜單。在新媒體環境下，這種定向推送就更為稀鬆平常了。新媒體在某種程度上，就是一個巨型的圖書搜索引擎。大家都在利用新媒體這張網捕撈圖書，結果收獲的多是同質化的東西，即是說，新媒體環境下的閱讀很容易淪為「格式化」的間讀：不僅所選擇的閱讀內容被格式化，甚至連閱讀方式、閱讀趣味也會被「格式化」。而且這種「格式化」閱讀帶有很大的隱蔽性，不易被發現。

這段文字意在說明：

A. 大眾媒介和新媒體對閱讀產生強烈影響

B. 格式化閱讀容易使讀者形成思維定勢

C. 圖書市場應為讀者提供多元的閱讀選擇

D. 讀者應理性看待媒體推送的閱讀菜單

10. **作家、藝術家作為最富創造性的群體和最具活力的媒介，一旦投身於一項文化交流的行為之中，就勢必要承擔雙重的義務或雙重的角色；把自身的文化傳播到自身以外的文化中去，再把自身以外的文化引回到自身。這樣，我們在審視外國作家與中國文化關係時，就不可能，也不應該將中國文化、中國思想設想為一成不變的輻射中心，來進行單向度的觀照和貿易往來式的清點，必須進行雙向、互動的考察，具體地研究在接受彼此文化過程中，產生的新的想像和創造。**

    這段文字意在說明：

    A. 文化交流不應是單向度的灌輸而應是雙向互動

    B. 文化交流研究重點要集中在交流中創新的元素

    C. 真正的學者是肩負雙重義務扮演雙重角色的人

    D. 學者在文化交流中要扮演雙向傳播者才有活力

11. **暗影是新精神分析家榮格提出的一個概念，指的是人類精神中最隱蔽、最深奧的部分，其中包括了人性中最糟的方面，也包含了人性中最有生命力的方面。暗影包含著積極面和消極面，積極面是指巨大的創造力，消極面則表現為現實生活中大到戰爭、侵略、動亂以及貪污腐敗，小到人與人之間的欺騙、謊言、仇恨、嫉妒、傷害、懷疑、抱怨等。**

這段文字主要是：

A. 解釋暗影的概念和內涵

B. 分析暗影存在的根源

C. 介紹暗影這一理論是如何提出的

D. 説明暗影對人性有哪些影響

12. **由於環境公益訴訟所針對的是眾多個體，受污染者與排污方間的博弈有著較高的交易成本，在先前缺乏環境公益訴訟渠道的情況下，受污染方其實很難在高交易成本條件下獲得賠償，也就是雙方之間不可能形成合作型博弈。在新的法律環境下，可能發生的變化在於，排污方考慮到遭受公益訴訟的可能，而更多地採取合作立場，就此而言，圍繞環境問題，雙方更有可能達成合作博弈，也就是排污方將部分污染收益分配給被污染方。從福利結果來看，交易成本固定的情況下，**
合作的總福利比不合作的福利來得更大。

這段文字意在説明：

A. 受污染者如果不走法律途徑很難得到賠償

B. 環境公益訴訟能促使受污染者和排污方達成合作博弈

C. 新的法律措施使污染收益合理分配成為可能

D. 交易成本是受污染者和排污方達成合作博弈的前提條件

13. **在當前社會，人與人之間的激烈競爭在所難免，但不少人因為得失心較重，做事時不惜違反公德倫理和規則秩序，最後不僅很難佔到便宜，有時反而會害了自己。隨著制度越來越健全，太重得失而逾規的行為只能是搬起石頭砸自己的腳。比如，運動員們每日辛苦訓練就是為了在比賽中獲得獎牌。當他們盼望已久的比賽來臨時，有些運動員會特別緊張，甚至有意無意地去做一些違規的事情。**

這段文字意在説明：

A. 不能因為太重得失而做違規的事

B. 健全的比賽規則有助於公平競爭

C. 保持良好心態才可能取得好成績

D. 運動員應該樹立正確的競爭觀念

14. **以英國為例，據英國全國志願組織理事會統計，受財政緊縮政策影響，2012年度政府對慈善組織的資助減少了13億英鎊，較前一年下降8%。為此，英國的慈善組織不得不以更加「企業化」的管理模式來應對資金困局。在開源方面，主要是拓寬籌資渠道，比如開展房屋租賃、培訓課程、慈善商店等慈善性質的交易活動；在節流方面，主要舉措是加強組織內部管理。因此，雖然歐洲經濟大環境不好，但調查數據稱，英國2011至2012年度的慈善組織經營性收入仍然有213億英鎊。**

這段文字旨在説明：

A. 慈善組織應當減少對政府的依賴

B. 慈善組織應不斷改善自身管理模式

C. 開源和節流對慈善組織管理缺一不可

D. 經濟形勢對慈善組織的發展影響較大

（二）字詞辨識（8題）

這部分旨在測試考生對漢字的認識或辨認簡化字的能力。

15. **在下面三個「__」內，應填入的字依次序為：**

1. 學子當困勉知行，__礪奮發。
2. 中央研究院濟濟多士，俱為學術界之精__ 。

3. 諸葛亮一心治蜀，可謂鞠躬盡__，死而後已。

A. 淬、粹、瘁

B. 粹、淬、瘁

C. 淬、瘁、粹

D. 瘁、淬、粹

16. __帚自珍、欺瞞蒙__、__端叢生，三條橫線入面應依次填入：

A. 弊、蔽、敝

B. 蔽、敝、弊

C. 弊、敝、蔽

D. 敝、蔽、弊

17. 下列文句，何者沒錯別字：

A. 只有柳，盲然地散出些沒有用處的白絮。

B. 我播開一粒包心菜，兩條菜蟲煌煌鑽了出來，落在腳邊。

C. 不敢肯定這是奇跡，船前不遠的是與台灣島嶼逵違已久的虎鯨。

D. 蟬聲把我的心紮捆得緊緊地，突然在毫無警告的情況下鬆了綁。

18. 下列文句何者沒有錯別字？

A. 誠摯的友誼是每個人所珍惜響往的。

B. 凡事只要盡心盡力，不必為無謂的煩腦而庸人自擾。

C. 做事要先考慮後果，不能在患錯後才一昧要求別人的寬赦。

D. 推展藝術活動，可以避免低俗的娛樂左右大多數人的興趣。

19. 請選出下面簡化字錯誤對應繁體字的選項。

A. 广→廈

B. 课→課

C. 华→華

D. 觉→覺

20. 請選出下面簡化字錯誤對應繁體字的選項。

A. 号→號

B. 还→還

C. 护→護

D. 欢→歎

21. 請選出下面繁體字錯誤對應簡化字的選項。

A. 節→节

B. 較→较

C. 舉→兴

D. 級→级

22. 請選出下面繁體字錯誤對應簡化字的選項。

A. 軍→军

B. 極→亟

C. 據→据

D. 際→际

（三）句子辨析（8題）

這部分旨在考核考生對中文語法的認識，辨析句子結構、邏輯、用詞、組織等能力。

23. 下列各句中，沒有語病的一句是：

A. 只有把想法付諸於行動，才能最大限度地達到我們的目標。

B. 人類文化史上的大浩劫，秦始皇焚書，中世紀的精神桎梏，各個王朝的文字獄，法西斯對文化的殺戮……並不曾使任何一個時代、任何一個民族的文化真正中斷、死亡。

C. 這些軟件如果單賣共要1000元，可合在一起才340元，價線便宜了近三分之二。

D. 為了寫好老師布置的論文，在閱覽室里許多同學近幾天如饑似渴地閱讀著。

24. 下列語句中，有語病的一句為：

A. 劍橋大學材料科學教授科林漢弗萊認為，只要解決了芯片與大腦的接口問題，把刻在微型芯片上的微型記憶電路加入大腦中的設想就完全有可能變為現實。

B. 病毒的生存能力既然這樣弱，為什麼還會那樣猖獗呢？

C. 他來到池邊，跳下池塘，很快就遊了過去。

D. 根據本報和部分出版機構聯合開展的調查顯示，兒童的閱讀啟蒙集中在1至2歲之間，並且閱讀時長是隨著年齡的增長而增加的。

25. 下列各句中，沒有語病的一句是：

A. 試看山花爛漫開遍原野。

B. 現代高新技術在圖書館領域的廣泛應用，引發了圖書館運行機制的變革，其結果將會出現一個全新圖書信息交流系統的技術，從而對圖書館的發展產生重大影響。

C. 超級市場以帶有欺詐性質的「標低實高」行為，來誘導顧客上當受騙，其本身折射的是企業缺乏最基本的誠信和正確的經營理念，傷害的是顧客的心和信任。

D. 故宮博物院最近展出了兩千多年前新出土的文物。

26. 下列句子中，有語病的一句是：

A. 構建和諧社會，光靠行政命令與嚴厲的執法是不行的。以和為貴的思維與長期不懈促進互信的舉措，都是值得大力鼓勵的。

B. 在就業難的大環境下，相當多的應屆畢業生認同「先就業再擇業」，先搶到個「飯碗」，工作幾年後，再換一份待遇更高的新工作。

C. 對於自己的路，他們在思考著，他們在判斷著，他們在探索著，他們在尋找著。

D. 毓民在他主持的節目裡批評了很多人。他的言辭雖然尖刻甚至偏激，但是誰又能否認他説的有道理呢？

27. 下列各句中，沒有語病的一項是：

A. 通過檢查，大家討論、發現、解決了課外活動中的一些問題。

B. 美國聯邦調查局逮捕了職業間諜埃姆，揭開了美國情報史上特大的在職情報人員為外國提供絕密情報的醜聞。

C. 一首老歌往往會令我們感動得熱淚盈眶，原因之一就是因為它能勾起人們對往事的回憶。

D. 學校南邊的那片樹林，早被人們砍光了。

28. 下列各句中，沒有語病的一項是：

A. 對家庭盆栽植物的擺放，專家提出如下建議：五松針、文竹、吊蘭之類最好擺在茶几、書桌上比較合適，而橡皮樹、丁香、蠟梅等最好放在露台上。

B. 中國古代書畫藝術中的許多傳世傑作不僅是人類藝術寶庫中的珍品，而且是中華民族的藝術瑰寶。

C. 聯合國設立「國際家庭日」的目的，是為了促使名國政府和人民更加關注家庭問題，提高家庭問題的警覺性，促進家庭的和睦與幸福。

D. 一個人能否成才，要看有沒有信心和毅力。

29. 下列各句中，有語病的一句是：

A. 每天都有很多人值得我感謝，因為他們在無形中教會了我一些事情。

B. 對於在如何使學生掌握現代化生活所必需的知識技能的問題上，該校的教師作過深入細緻的研究。

C. 老師不應該把考試分數看得過重，不應該忽略而應該重視思想品德和各種能力的培養，否則就有點過份了。

D. 當我靜靜地緬懷往事，尤其是當我緊緊地閉上眼睛的時候，腦海裡常常會浮現出許許多多善良人的面容。

30. **下列語句中，有語病的一項是：**

A. 這時候，公司又組織員工到外地參觀，學習管理經驗。

B.「電荒」隱憂的背後不是表現供求關係，而是煤炭價格形成機制的反應。

C. 鐵路網絡正在逐漸完善，硬件是達到了世界先進水平，而軟件服務與世界先進水平差距太大。

D. 我們要號召更多社會人士關注慈善事業，為愛心活動貢獻一份力量。

（四）詞句運用（15題）

這部分旨在測試考生對詞語及句子運用的能力。

31. **對人類和整個地球來說，環境教育的重要性毋庸贅言，它兼具功利主義和__________色彩，同時也必須有科學、社會和__________視野。在具體內容上，環境教育將技術開發及應用等科學知識與道德實踐、倫理習慣養成相結合，堅守謙遜、勇氣、克制、智慧、膽識和耐力等道德規範、秉承客觀公正的精神。**

A. 理性主義　全球

B. 實用主義　宏觀

C. 自由主義　微觀

D. 理想主義　人文

32. **目前，全球面臨的危機大體上分為兩類：一類是由市場自己產生因而也能被市場__________的危機，比如當下的金融危機。另一類是受外生條件的__________，市場不能解決的危機，比如土地、空氣、礦產資源、石油、天然氣等等，不是隨著價格**

提高就能增加產品供給量、增強資源約束力所導致的危機。這樣的危機是真正值得我們長期關注的。

A. 擴大　限制

B. 消融　干擾

C. 化解　約束

D. 加劇　影響

33. **公共生活中的某些失範行為和無序現象若得不到及時治理，就可能會產生反面的＿＿＿＿＿效應，個體在這種環境中很容易被激發和誘導，隨波逐流，助長無序。很多國家的法律在公共場所禁煙、維護環境衛生等方面都有明確規定且有效執行，正是為了＿＿＿＿＿，在微小的失範和無序累積前就加以制止。**

A. 連鎖　上行下效

B. 輻射　懲前毖後

C. 示範　防微杜漸

D. 擴張　以儆效尤

34. **思想實驗，哲學家或科學家們常常用它來論證一些讓人感到＿＿＿＿＿的理念或假說，主要用於哲學或理論物理學等較為抽像的學科，因為這類實驗往往難以在現實世界中**開展。這些實驗看似＿＿＿＿＿，其間卻蘊含著很多「剪不斷、理還亂」的哲理。

A. 神秘　獨立

B. 迷惑　簡單

C. 新穎　清晰

D. 玄奧　系統

35. 趙景深在《文心剪影》裡說：「他（葉聖陶）的覆信措辭謙抑，字跡圓潤豐滿，正顯出他那＿＿＿＿＿而又誠實的心。「正如當年他主編《小說月報》曾精心培育了一大批後來成為新文學史上的著名作家時那樣，他那＿＿＿＿＿的精神和工作態度，給予年輕一代的教育、鼓舞的力量是無法＿＿＿＿＿的。

A. 謙卑　兢兢業業　估價

B. 謙和　公而忘私　估量

C. 正直　大公無私　衡量

D. 率真　孜孜以求　想象

36. 創新源泉的另一個重要方向，就是面向歷史的發掘。每次回顧歷史都可能是一次觀念的清理和創新。研究和發掘新的史料，也是一次價值觀的梳理。＿＿＿＿＿＿＿＿＿＿。重新發現歷史，建立當下社會觀念與歷史價值的承繼關係，這是奠定創新思維的一個重要因素。我們要在前人的肩膀上瞭望未來，不是簡單地忽略或者漠視歷史積累，不斷複製曾經的創新過程。

A. 一切歷史都是當代史

B. 與其重讀歷史，不如創造歷史

C. 歷史無法重來

D. 歷史是勝利者的歷史

37. 如今通過量子力學和廣義相對論的描述，人類對於自然界的理解已經遠遠超越了100年前對於宇宙的機械化的理解。從基本粒子的行為到宇宙的形態，從微觀到宏觀，現代物理學的這兩大支柱，幾乎可以解釋人們現在所觀察到的一切自然現象。＿＿＿＿＿＿＿＿＿＿，物理學的這兩大支柱各自主宰了微觀和宏觀領域，卻彼此難以相容，因此造成了物理學歷史上最大的裂縫。盡管無數一流的物理學家試圖解決這個難題，但經

過了80多年的努力，時至今日，人們對於這個困境還是一籌莫展，不知如何是好。

A. 但是事實遠沒有看上去的那麼美

B. 人們在深入研究後意外發現

C. 理想和現實的衝突往往令人啼笑皆非

D. 與其他自然學科的研究經歷相似

38. **周代獨特的文明組織方式，從文化上看是不區分宗教與道德，不嚴格區分禮俗與法律，而是以一種包容性很大的禮，達到一種彌散性的文化目標。從政治管理到日常生活，並不被認為是不同質的社會領域，周人並不認為這些領域應遵循不同的法則，而是認為都可以由禮來整合規範。在此意義上，______________________。**

A. 我們甚至不必深究周代的政治制度了

B. 研究禮的形式和各種儀制就尤為重要

C. 禮可以說是一種政教和德法合一的體系

D. 可以說華夏文明從一開始就很重視禮法

39. **人工甜味劑能像糖一樣，對舌頭上同樣的細胞產生刺激。這些替代化學物比普通的糖，甜上幾百，甚至幾萬倍，只需一點兒就很甜，它們幾乎不會給食物增加熱量。對於正在減肥的人來說，這無疑是一個好消息。另外，對那些需要嚴格控制血糖水平的糖尿病患者來說，人工甜味劑也是一大福音——既滿足了他們的口味需要，又不會使血糖升高。然而，人工甜味劑畢竟是誕生於實驗室內的化學製成品，與之相比，糖類則來源於植物。因此許多人擔心人工甜味劑會像其他一些人造化學品一樣帶來健康隱患。數十年來，______________________。**

A. 人工甜味劑在人體內的代謝過程得到充分研究
B. 肥胖人士一直在使用人工甜味劑進行減肥
C. 關於其安全性的問題一直在爭論之中
D. 人們一直在尋找避免這些危害的對策

40. **冷氣機製冷的基本原理，是將密封環境的空氣，通過室內機吸進，再通過蒸發器製冷，使得空氣降溫，再送進室內，幾次反覆，室內的溫度就會慢慢降下來。如果想要達到好的降溫效果，室內外是要相隔的。______________________。這樣一來，開冷氣時最好不要吸煙，否則，煙霧會在室內循環，使室內空氣更加污濁，也會使冷氣機裡的過濾網承載更多的除塵負擔，下次使用時就會把煙氣殘留在過濾網上的細菌再次吹進室內。如此反覆使用，所謂的某種「冷氣病」就出現了。**
A. 這就給有害細菌的滋生提供了溫床
B. 這就是為什麼開冷氣時，要關好門窗的原因
C. 近年來患「冷氣病」的人也越來越多
D. 這樣才能保證室內有一個健康清新的空氣環境

41. **選出下列句子的正確排列次序。**
1. **這些實驗告訴我們：科研進展有時就像馬拉松賽，而不是很快就能見分曉的短程賽跑**
2. **科學發展是人類追求的一個長期目標，但一些具體研究項目卻往往是在一個較短時間尺度進行和完成的**
3. **有些研究項目的數據累積工作已持續了幾個世紀，有的每年產生數以百計的論文，有的十年才產生一個數據點**
4. **也有一些科學實驗或科研項目卻不可能在短期內完成，例如：人類壽命研究、地殼變動情況勘查、太陽表面變化觀察等，有可能需要幾十年甚至幾個世紀的時間**

5. 盡管如此，一些有遠見的科學家仍以他們的奉獻精神和堅忍不拔的毅力，將科學實驗的成果傳承下去
6. 如此漫長的實驗因此受到各種外在條件和因數的挑戰，如研究重點的轉移和技術的變化等，並經常受到資金不足和人員變動的制約

A. 3-4-6-2-5-1
B. 2-4-3-6-5-1
C. 2-3-4-1-6-5
D. 3-2-4-1-5-6

42. 選出下列句子的正確排列次序。
1. 關於世家與學術文化之間的關係，陳寅恪曾有精到論述
2. 近代亦有「五大文化世家」，如廣東新會梁氏、江南錢氏等
3. 這世代相襲的文化家族，如繁星般遍佈中華大地
4. 早期的文化世家有魏晉時期的王、謝家族，史稱「王謝風流」
5. 歷史上國人的治學十分看重「家學淵源」
6. 形成一張中國文化發展的版圖
A. 1-5-2-6-4-3
B. 5-2-3-1-4-6
C. 5-1-4-2-3-6
D. 1-4-2-5-6-3

43. 選出下列句子的正確排列次序。

1.「國家戰略」一詞，最早出自美國

2. 最近幾年，由於國家領導人以及社會各界的倡導，全民閱讀問題已經引起廣泛的重視

3. 中國學術界對「國家戰略」一詞尚無統一定義

4. 中國先後提出過知識產權國家戰略、能源問題國家戰略等，但遺憾的是一直沒有把全民閱讀作為國家戰略

5. 其任務是依據國際國內情況，綜合運用政治、軍事、經濟、科技、文化等國家力量，籌劃指導國家建設與發展、維護國家安全，達成國家目標

6. 一般以為，它是指導國家各個領域的總方略

A. 3-6-1-5-2-4

B. 3-1-6-5-4-2

C. 1-6-5-3-4-2

D. 1-3-6-5-4-2

44. 選出下列句子的正確排列次序。

1. 初始條件中一個微小的變化，都會對結果造成巨大影響

2. 彈球初始位置細微的差別以及每次你在拉動彈簧時的力量差異

3. 彈球遊戲就利用了混沌性

4. 如果某個系統具有混沌性，那麼該系統就對初始條件具有敏感的依賴性

5. 都會成為改變彈球在桌面彈跳方向的重要因素

6. 你射出的每一個球都會沿著不同路徑前進

A. 1-3-6-2-5-4

B. 2-5-3-4-1-6

C. 3-6-2-5-4-1

D. 4-1-3-6-2-5

45. 選出下列句子的正確排列次序。

1. 早期人們在地球上通過光學望遠鏡觀察火星，看到火星上陰影的變化，誤以為火星上有河流和植物，甚至還有「火星人」的存在
2. 長久以來，很多人也一直在幻想這個類地行星可以成為地球人移民外星的第一個目的地
3. 人類最初產生對火星的興趣幾乎全都是出於誤解
4. 火星的兩級和中緯度地區有冰蓋，地表則有豐富的氧、硅、金屬和組成岩石的各種元素
5. 即使後來證明這些猜想全都是誤會，人類仍然對這個近鄰懷有濃厚的興趣
6. 人類希望在未來，火星可以為地球提供各種礦產

A. 1-2-3-4-6-5

B. 3-1-5-4-6-2

C. 1-5-3-4-2-6

D. 3-5-2-1-6-4

- 全卷完 -

CRE-BLNST

文化會社出版社 **CULTURE CROSS LIMITED**

答題紙 ANSWER SHEET

請在此貼上電腦條碼
Please stick the barcode label here

(1) 考生編號 Candidate No.

(2) 考生姓名 Name of Candidate

(3) 考生簽署 Signature of Candidate

宜用H.B.鉛筆作答
You are advised to use H.B. Pencils

考生須依照下圖所示填畫答案：

23 A B C D E

錯填答案可使用潔淨膠擦將筆痕徹底擦去。
切勿摺皺此答題紙

Mark your answer as follows:

23 A B C D E

Wrong marks should be completely erased with a clean rubber.

DO NOT FOLD THIS SHEET

1	A	B	C	D	E	21	A	B	C	D	E
2	A	B	C	D	E	22	A	B	C	D	E
3	A	B	C	D	E	23	A	B	C	D	E
4	A	B	C	D	E	24	A	B	C	D	E
5	A	B	C	D	E	25	A	B	C	D	E
6	A	B	C	D	E	26	A	B	C	D	E
7	A	B	C	D	E	27	A	B	C	D	E
8	A	B	C	D	E	28	A	B	C	D	E
9	A	B	C	D	E	29	A	B	C	D	E
10	A	B	C	D	E	30	A	B	C	D	E
11	A	B	C	D	E	31	A	B	C	D	E
12	A	B	C	D	E	32	A	B	C	D	E
13	A	B	C	D	E	33	A	B	C	D	E
14	A	B	C	D	E	34	A	B	C	D	E
15	A	B	C	D	E	35	A	B	C	D	E
16	A	B	C	D	E	36	A	B	C	D	E
17	A	B	C	D	E	37	A	B	C	D	E
18	A	B	C	D	E	38	A	B	C	D	E
19	A	B	C	D	E	39	A	B	C	D	E
20	A	B	C	D	E	40	A	B	C	D	E

文化會社出版社
投考公務員 模擬試題王

中文運用
模擬試卷（四）

時間：四十五分鐘

考生須知：

（一） 細讀答題紙上的指示。宣布開考後，考生須首先於適當位置貼上電腦條碼及填上各項所需資料。宣布停筆後，考生不會獲得額外時間貼上電腦條碼。

（二） 試場主任宣布開卷後，考生請檢查試題冊及確定試題冊內共四十五條試題。第四十五條後會有「**全卷完**」的字眼。

（三） 本試卷各題佔分相等。

（四） **本試卷全部試題均須回答**。為便於修正答案，考生宜用HB鉛筆把答案填畫在答題紙上。錯誤答案可用潔淨膠擦將筆痕徹底擦去。考生須清楚填畫答案，否則會因答案未能被辨認而失分。

（五） 每題只可填畫**一個**答案。如填劃超過一個答案，該題將**不獲評分**。

（六） 答案錯誤，不另扣分。

（七） 未經許可，請勿打開試題冊。

CC-CRE-UC

（一）閱讀理解

I. 文章閱讀（8題）

在這部分，考生須閱讀一篇題材與日常生活或工作有關的文章，然後回答問題。題目在於測試考生在理解和掌握文章意旨、深層意義、辨別事實與意見、詮釋資料等方面的能力。

器官捐獻率在各個國家的情況都不太樂觀，然而一組來自歐洲的數據引起了人們注意。這組數據顯示，歐洲各國人口中簽署器官捐獻知情同意書的比率，分別如下：匈牙利99.997%，奧地利99.98%，法國99.91%，葡萄牙99.64%，波蘭99.5%，比利時98%，瑞典85.9%，荷蘭27.5%，英國17.17%，德國12%，丹麥4.25%。統計結果呈現出顯著的兩極分化，前七個國家的同意率都很高，在這幾個國家之後，器官捐獻的同意率__________，是什麼因素讓這些國家有如此高比例的人同意捐獻自己的器官呢？

英國和法國的教育、經濟水平相當，可英國僅有17%的人同意捐獻器官，而法國卻接近100%；另一組比較則更能說明問題，德國和奧地利接壤，也同為德語國家，然而德國只有12%，奧地利卻為100%，說明以上這些因素還不足以解釋。

會不會是宣傳的作用呢？在荷蘭，全國對器官移植進行了大規模的宣傳，每個家庭都能收到關於器官捐獻的信件，在電視、廣播中也時常能看到宣傳廣告，甚至還有一檔極具爭議的綜藝節目，讓急需器官移植的患者選擇想要誰做他的供者。做了這麼多活動，錢也花了不少，然而荷蘭器官捐獻的同意率卻只有28%，與鄰國比利時一比就相形見絀：人家沒花過一分錢做宣傳，器官捐獻的同意率卻高達98%。

原因究竟是什麼？當研究者排除了以上這些因素後，他們將目光聚集在一個極其細微的環節上，那就是人們簽署的那張器官捐款的知情同意書。在那些低同意率的國家中，知情同意書是這麼寫的：「如果您想參與器官捐獻計劃，請在這裡畫鉤。」而在同意率高的國家中，知情同意書裡只有一個地方不同，那就是：「如果您不想參與器官捐獻計劃，請在這裡畫鉤。」器官捐獻率如此懸殊，原因就在於知情同意書中的那一個詞：「想」或「不想」。

這是兩種不同的「默認選項」。第一種默認的情況是所有人都不參與器官捐獻計劃，因此參與者需要做出行動改變——「畫鉤」。在這種情況下，人們會不自覺地接受默認選項，因為在潛意識裡這被看作是推薦的方案，而「畫鉤」做出改變則需要費力氣，付出認知、情緒和行為上的投入，以換取改變默認選項後的收益。同樣的，在第二種默認選項中，默認的情況是所有人都在器官捐獻計劃內，這也是默認的推薦，不捐獻才需要人們去做決定和做出行動改變，而這需要花費人們更多的精力。也正因此，在兩種情況下，「畫鉤」的都是少數，而接受「默認選項」則是大多數人的決定。

01. 填入畫線都分最恰當的詞語是：

A. 急轉直下

B. 大起大落

C. 天壤之別

D. 平淡無奇

02. 文中畫線的「這些因素」不包括：

A. 教育水平

B. 經濟狀況

C. 地理位置

D. 宗教信仰

03. 宣傳不能提高器官捐獻率，這一點在哪個國家得到了驗證？

A. 英國

B. 荷蘭

C. 比利時

D. 葡萄牙

04. 作者認為應該：

A. 立法以強制推行器官的捐獻

B. 對器官捐獻者給予物質獎勵

C. 修改知情同意書的默認選項

D. 改變器官捐獻的流程和環節

05. 這篇文章意在：

A. 指出器官捐獻的瓶頸

B. 提示一個心理學規律

C. 比較中外的醫療水平

D. 反對過度的誇大宣傳

06. 英國和法國的教育和經濟水平：

A. 相若

B. 差距很遠

C. 法國領先英國

D. 文中沒有提及

07. 器官捐獻率懸殊的原因在於知情同意書中的：

A. 一個詞

B. 一幅畫

C. 一條短片

D. 文中沒有提及

08. 器官捐獻率在各個國家的情況：

A. 不太樂觀

B. 甚為樂觀

C. 抱中立態度

D. 文中沒有提及

II. 片段/語段閱讀（6題）

這部分是測試考生在閱讀個別片段／語段時能否理解該段文字的含義或引申出來的觀點，找出支持或否定某些觀點的選項，或選出最能概括該段文字的一句話等。

09. 要防範因主觀因素出現蔬菜生產「大小年」現象。2008年大蒜價格低迷，一些農戶對種植大蒜失去信心。2009年大蒜減產三成，此後，蒜價一路上揚。因此，蔬菜生產要有計劃，對種類、品種結構、上市時間都要保持信息對稱，完善和健全農產品的檢測和預警機制，以此來引導農民生產，穩定市場供應。

這段文字意在說明：

A. 蔬菜價格波動是市場調節作用下的正常現象

B. 蔬菜價格波動會打擊農戶繼續種植蔬菜的信心

C. 政府應採取措施保證蔬菜價格穩定

D. 政府應幫助農民合理規劃和管理蔬菜種植

10. **一個強大的政府顯然需要擁有多方面的硬實力，比如政府所擁有的財政能力、組織能力等。沒有這些硬實力，政府就會成為一個弱勢的政府，一旦出現宏觀經濟危機、市場問題、社會危機，就不可能有實力去解決。政府提升軟實力就要提高政治權力的制度化，提升財政的公共性水平，加強社會管理等。提高自身的軟實力，就可以更好地減少社會管理的阻力，降低社會管理的成本，提高社會管理的績效。**

這段文字意在説明：

A. 政府的硬實力是一個國家發展的基礎
B. 軟實力提升有助於提高硬實力的水平
C. 經濟發展是一個國家強大的基本保障
D. 政府發展既需要硬實力也需要軟實力

11. **在沒有特別説明的情況下，通貨膨脹一般是用消費者價格指數（CPI）衡量的物價漲幅，這主要因為CPI是根據一個國家消費者最終消費支出的商品種類和權重編製的價格指數，該指數最直接地影響居民收入的真實購買力。政府從維護居民福利的角度看，沒有哪個價格指數比CPI更合適，更貼近民意了。而食品價格波動主導了消費者價格指數波動，這不僅因為食品價格在商品籃子中佔超過三成以上的比重，更重要的是食品價格本身波動劇烈，故而關注食品價格波動成為研究通貨膨脹的重中之重。**

對這段文字概括最準確的是：

A. 説明食品價格為何成為研究通脹問題的焦點
B. 分析控制食品價格波動對國計民生的重要意義
C. 解釋食品價格波動如何對消費者價格指數產生影響
D. 強調提高居民的真實購買力，應從控制食品價格人手

12. **科研機構對一首非常流行的歌曲進行了研究，發現它以3.6秒為一個周期將五個音節重複4次，而整首歌中五個音節的核心節奏重複了100次以上，這樣的節拍和人在慢跑半小時後的心率幾乎同步——這也正是人感覺最為興奮的瞬間。這一說法，解釋了為什麼大多數人都會不自覺地跟著這首歌搖晃起身體的原因。而另一個激發人們生理反應的元素則是其朗朗上口的旋律和節奏。科學研究發現，當一個人對一段音樂的旋律和節奏產生共鳴時，這段音樂就會在其腦中不斷重複，科學界把這稱為「耳蟲」現象。雖然引發「耳蟲」現象的音樂因人而異，但顯然「耳蟲」更偏愛那些容易上口的作品。**

這段文字主要介紹的是：

A. 流行歌曲之所以流行的生理學依據

B. 影響音樂流行程度的決定因素

C.「耳蟲」現象的成因及表現形式

D. 音樂節奏和人的心率之間的內在關係

13. **歷史上，語言在世界上的分布反映了世界權力的分配。使用最廣泛的語言，如英語、西班牙語、法語、阿拉伯語和俄語，都是或曾是帝國的語言，這些帝國曾積極促進其他民族使用它們的語言。權力分配的變化產生了語言使用的變化，英國和法國都曾堅持在其殖民地使用自己的語言，但大多數前殖民地獨立後，都在不同程度上努力用本土語言代替帝國語言，並取得了不同程度的成功。**

這段文字意在説明：

A. 本土語言是民族獨立的重要標誌
B. 語言使用是政治權力的某種表現
C. 利用權力推行語言是無法持續的
D. 殖民統治對語言分布有深刻影響

14. **藝術博物館經過近200年的發展，已經從最初的「藝術家的機構」演變為今天「公眾的藝術機構」。藝術博物館的館長、總監、策展人發現，他們現在面臨的最大問題不是和捐贈人、收藏家、同行打交道，而是如何把沒有受過藝術教育、缺乏相關的藝術體驗的普通人，吸引到藝術博物館裡來。潛在的觀眾群不進博物館是因為他們不懂藝術史，缺乏相關的藝術體驗，一直認為博物館不歡迎他們，裡面沒有讓他們感興趣的東西。消除這種「不舒服感」首先需要淡化藝術博物館的「精英色彩」。藝術並不只關乎大人物，更關乎普通人。從社會學角度講，後者更重要。**

這段文字主要説明：

A. 藝術教育的普及將大眾引向博物館
B. 去精英化是當下藝術發展的方向
C. 藝術博物館應主動貼近普通大眾

D. 公眾的藝術欣賞水平和層次不斷提高

（二）字詞辨識（8題）

這部分旨在測試考生對漢字的認識或辨認簡化字的能力。

15. 下列選項的文句裡，何者沒有錯別字？

A. 這件事是我的錯，難到你不能念在我們多年的情分上，原諒我一次嗎？

B. 他講話實在太沖，一點也不挽轉，難怪老闆無法容忍他，把他辭退了。

C. 香港社會少子化的情況非常嚴重，可說已是刻不容緩、亟待解決的議題。

D. 這人做事情總是按步就班，非常守規矩，絕對不會做這種掩耳盜鈴之事。

16. 下列文句何者沒有錯別字？

A. 他做事總是一股作氣，從不拖泥帶水。

B. 做人要有原則，一昧討好別人只是鄉愿。

C. 這番話振聾發聵，如醍醐灌頂般發人深省。

D. 遇到挫敗應虛心檢討，不要總是歸究他人。

17. 下列文句何者沒有錯別字？

A. 人須有開闊的胸襟，才能不犯得失，不計毀譽。

B. 懸之是愛，囑咐也是愛，兒女是父母一生卸卻不下的甜密負荷。

C. 不蔽風日，簞瓢屢空的窘困生活，挫折不了他發奮向上的心志。

D. 他的個性謹慎，做事非常穩當妥帖，絕對牢靠。

18. **下列文句何者沒有錯別字？**

A. 都快遲到了，他還耗整以瑕地吃早餐，真是急死人了。

B. 全民共創台灣奇蹟，使我們的生活品質能和先進國家並駕齊軀。

C. 夏威夷海邊，廋長的椰子樹迎風佇立，可謂美不勝羞。

D. 陳老師修養真好，即使學生態度惡劣，他仍是不慍不火。

19. **請選出下面簡化字錯誤對應繁體字的選項。**

A. 积→積

B. 济→濟

C. 讲→講

D. 显→濕

20. **請選出下面簡化字錯誤對應繁體字的選項。**

A. 请→清

B. 轻→輕

C. 确→確

D. 线→線

21. **請選出下面繁體字錯誤對應簡化字的選項。**

A. 興→兴

B. 嚮→向

C. 響→响

D. 續→续

22. **請選出下面繁體字錯誤對應簡化字的選項。**

A. 係→系

B. 淨→争

C. 轉→转

D. 戰→战

（三）句子辨析（8題）

這部分旨在考核考生對中文語法的認識，辨析句子結構、邏輯、用詞、組織等能力。

23. 下列語句中，有語病的一項是：

A. 為了遏制官員子女腐敗的現象不再發生，政府最近推出了一系列的規定。

B. 由於往往陷於發展速度與規模的單一追求，一些城市已經破壞了原生態之美。

C. 不但他愛下圍棋，而且精於圍棋發展史的研究。

D. 作為全球最暢銷的教科書之一，薩繆爾森的著作《經濟學》影響了整整一代人。

24. 下列各句中，沒有語病的一句是：

A. 隨著第三尊佛像逃過塔利班劫難而現身峽谷的消息傳開，讓人不由聯想到阿富汗昨日的災難和今日的不幸。

B. 當賓客們來到這個秀麗的小花園後，才看到陳先生婚禮的主會場竟設在花園湖心的小島上舉行，大家對婚慶公司的這個巧妙安排境噴稱奇。

C. 近期，美國三藩市加州大學華裔博士潘登發現了導致生物體衰老的重要基因，這一研究成果震驚學界，其論文被衰老機制及老年疾病研究的最權威期刊《Aging Cell》刊登。

D.《香港人最易讀錯的字》一書選取近200個香港人最易讀錯的字為對象，除了作出語音的正誤判斷外；還對讀錯的原因進行了分析，具有較高的學術價值。

25. 下列各句中，有歧義的一句是：

A. 未來三天，東北地區仍將持續多雨天氣，吉林和遼寧的東部將有大暴雨。

B. 中國人在外國的一些舉動，往往會被放大，極易引來網民的嚴厲聲討，而最多的聲討理由就是「丟了中國的臉」。

C. 在甲縣慘遭殺戮的不僅僅是獼猴，其他的野生動物的日子同樣不好過。它們既要提防飛來的子彈，還要小心獵人佈下的重重陷阱。

D. 4月30日，經濟局召開會議，分析研究上半年經濟形勢和下半年經濟工作，會議公報傳出一些重大政策信息。

26. 下列各句中，沒有歧義的一句是：

A. 躺在床上沒有多久，我就想起來了。

B. 天色已經暗下來了，車輛還沒修好，修車的人急得滿頭大汗。

C. 現代人生活壓力大，負面情緒多，每個人都希望突出重圍。在無力改變環境的情況下，改變自我就成為一種內在需求——這是勵志書的土壤。

D. 她剛剛大學畢業，來到這個工作崗位還不到3個月，許多人還不認識。

27. 下列句子中，沒有歧義的一項是：

A. 妻子見到分別剛剛兩個月的丈夫時，已經判若兩人：以前見面總是那麼熱情，如今卻冷若冰霜。

B. 別看這個人不善言笑，其實這個人很好説話。

C. 請你代我買兩張香港到台灣的往返飛機票。

D. 全校師生沒有一個人否認，小班教學使整個校園發生了巨大變化。

28. 下列句子中，沒有歧義的一句是：

A. 伊朗的核武問題，已引起美國總統的密切關注。對此，美國有的國際關係專家則表示樂觀。

B.「依我看、這個考點最需要引起重視。」張老師補充道。

C. 我在樓頂上栽的幾盆花，長得枝繁葉茂。

D. 冰島研究人員發現了首個有助抗老年痴呆的基因變異類型，攜帶這種基因變異類型的人進入老年後出現痴呆症狀的風險大大減少。這一發現有助於尋找治療老年痴呆症的方法。

29. 下面的句子中，沒有語病的一句為：

A. 王媽媽很珍惜自己孩子成績的取得，把獎狀用相框裝好掛在牆上了。

B. 你把這個想法應該跟你母親談談。

C. 據研究人員説，參加了簡單行為療法的患者，總體睡眠質量得到很大的改善，入睡前等待的時間和入睡後醒來的時間都大大縮短。

D. 由於紡織工人努力提高生產質量，我國棉布的出口深受各國顧客的歡迎。

30. 下列各句中，沒有語病的一項是：

A. 先生侃侃而談，他的音容笑貌雖然沒什么變化，但眼角的皺紋似乎暗示著這些年的艱辛和不快。

B. 政府在出租車行業中大力推廣禮貌服務用語，戒絕服務不良忌語，受到乘客好評。

C. 當你站在海邊，望著一望無際的蔚藍海水，是否會有一種舒暢、開闊、生機勃勃的感覺。

D. 對於能不能培養學生艱苦樸素的作風，我們的回答是肯定的。

（四）詞句運用（15題）

這部分旨在測試考生對詞語及句子運用的能力。

31. **過去繪畫覆蓋了照相機和攝像機的職能，標準就是__________、栩栩如生。現在，繪畫的這部分功能被照相機和攝像機__________掉了，繪畫「失業」了，就能重新定義自己的「工種」，有往純覺刺激走的，也有__________到講故事傳統的。**

    A. 維妙維肖　分擔　回歸
    B. 活靈活現　替換　延伸
    C. 繪聲繪色　削減　退縮
    D. 呼之欲出　衝擊　前進

32. **目前，焦化廢水的處理技術__________是生物技術，在焦化廢水組成中各種成分均會對生物處理效果產生一定影響，有些是作為微生物的營養，相反，有些成為生物的__________劑。**

    A. 基礎　還原
    B. 中心　催化
    C. 本質　激活
    D. 核心　抑制

33. **藥品招標制度本應是對平抑藥價起到__________的作用，但在一連串的醫療事故中，我們看到，它對推高藥價卻起到了__________的作用。**

    A. 約束監管　推波助瀾
    B. 控制打壓　助紂為虐
    C. 調控監督　出爾反爾
    D. 監督操縱　適得其反

34. **細節決定差異。但是，過早地__________於細節，會使你迷失在不重要的事物中，所以首先要抓住基礎，__________細節。**

A. 集中　發現

B. 致力　考慮

C. 沉溺　摒棄

D. 糾結　忽略

35. **所謂網絡戲謔文化，是網民長期以來在互聯網上形成的一種話語表達方式，不知從何時起，互聯網擁有了一種特殊的語境，很多時候，反諷和隱喻比__________更有力，嬉笑的態度比嚴肅的發言更接近事情本質，戲謔的效果通常是通過猛烈的反差和鮮明的對比才得以形成的。**

A. 輕描淡寫

B. 開門見山

C. 直抒胸臆

D. 指桑罵槐

36. 如果將漢字視為一個生命體，它的演化有兩種基本方式，一種是漸變，一種是突變。漸變，常常由書寫工具的轉變引起。甲骨文筆劃硬朗挺拔，是因為刻在堅硬的龜甲之上。
隸書最初是刻在竹簡上的（後來才用墨寫），所以轉折提筆間特別有一種雕琢的韻味。至於楷書的中正平和，是毛筆書寫時代的字形逐步趨向規範和標準化的結果。這都不是一道命令下來改的，而是很自然的歷史進程。＿＿＿＿＿＿＿＿＿＿＿＿。秦王朝為了政治的需要，發布「書同文」的政令，在全國推行「小篆」。小篆改變原先那種彎彎曲曲的筆畫線條，整理出一種筆畫勻整、便於書寫的新字體。更大的突變發生在半個多世紀前，中國推行簡體字改革，2000多個漢字被簡化和標準化。

A. 漢字字形的改變發生在秦代

B. 當然，書寫工具的變遷並不是唯一原因

C. 然而，到了秦代情況發生了變化

D. 相比之下，政治常常是最強大的突變力量

37. 一位搏擊高手參加比賽，自負地以為一定可以奪得冠軍，卻不料在最後的賽場上遇到一個實力相當的對手。搏擊高手發覺，自己竟然找不到對方的破綻。他覺得很羞恥，憤憤不平地回去找師父，央求師父找出對手的破綻。師父笑而不語，在地上畫了一道線，要他在不擦掉這條線的前提下，設法讓這條線變短。搏擊高手苦思不解，請教師父。師父在原先那條線的旁邊，又畫了一條更長的線。師父說：「＿＿＿＿＿＿＿＿＿＿＿＿。」

A. 短兵相接，智者為王

B. 狹路相逢，勇者必勝

C. 知己知彼，百戰不殆

D. 勤學苦練，敵弱我強

38. ______________________。**崖壁下有好幾處墳地，墳前立著的石碑許多已經破碎，字跡模糊；枯水季節，伏在江裡的石頭有的已經露出水面，周圍一片寂靜。**

A. 一列青黛嶄削的石壁夾江高矗，被夕陽烘灸成一道五彩的屏障

B. 沒有太陽，天氣相當冷，藤蘿葉子多已萎落，顯得這一帶崖壁十分瘦削

C. 在夕陽的照射下，枯草和落葉閃著不定的光，崖壁像一道巨大的屏，矗立在江對岸

D. 一行白帆閃著透明的羽翼，從下游上來，山門半掩，一道陽光射在對岸的峭壁上

39. **人類自從脫離了茹毛飲血的蠻荒時代，科技便伴隨我們一直向前。然而，現代科技已強大到令普通人望而生畏的地步。於是，**______________________**。當前，隨著人民群眾生活的日益豐富多彩，科技的觸角已伸延到生活的各個方面，理解科學變得日益重要。小到每日開門七件事，大到參與社會公共事務決策，今天人們科學素養的高低，不僅關乎個人的生活質量，也關乎社會的發展。**

A. 人們對科技與社會發展的關係產生了一些誤解

B. 了解普通人對科技發展的態度變得十分重要

C. 如何利用科技造福百姓的生活備受關注

D. 拉近公眾與科學的距離就成為一個社會課題

40. ____________________。**比如工業化的歷史，就包含了很多內容。首先是現代生產發展所引起的物質財富的快速增長，由此我們當然對工業化持積極的態度，但另一方面，從生態環境角度看，隨著工業化的推進，大量資源被消耗，很多地方被污染，生態破壞對人類造成的危害會長期存在。這樣，工業化在不同時間段內呈現兩種形象，短時間內我們享受了生活，但從長時段來看，我們可能犧牲了未來。**

A. 我們用多重的時間來理解和判斷歷史，就會出現與過去不同的認識

B. 歷史是分層的，長時段的歷史決定了其他時段歷史的變化

C. 當我們利用線性的時間將歷史事件串聯在一起時，就呈現出一種因果關係

D. 我們研究歷史時難免會有局限性，經常受時間因素的影響

41. **選出下列句子的正確排列次序。**

1. 大自然是個有機整體
2. 只要其中一個要素發生變化，就會引起其他要素的相應變化
3. 地球環境各個要素之間存在著相互聯繫、相互影響、相互滲透、相互制約的依存關係
4. 一個環節緊扣著另一個環節，一個過程向著另一個過程轉化
5. 並直接或間接地影響到人類的生存和發展
6. 最後必然會導致整個地球環境由量變發展到質變

A. 1-3-2-4-6-5

B. 3-1-2-6-5-4

C. 3-1-2-4-5-6

D. 1-2-4-6-5-3

42. 選出下列句子的正確排列次序。

1. 垃圾食品不僅沒營養，還可能讓人脾氣變壞
2. 目前，研究已顯示，吃垃圾食品的人更願意用暴力行為解決問題，脾氣也更壞，但具體數據還沒有公佈
3. 牛津大學科學家以1000名16至21歲的男女為研究對象，他們將分為兩組，一組長期服用維生素和營養補充劑，另一組長期食用垃圾食品，然後對他們進行為期一年的跟蹤觀察
4. 英國牛津大學的科學家發現，長期吃垃圾食品可能會增加暴力行為
5. 科學家解釋說，當大腦極度缺乏重要營養成分，尤其缺乏大腦神經元的重要組成成分歐米伽-3脂肪酸時，大腦會失去靈活，注意力不集中，自制力受損，暴力傾向增加
6. 而垃圾食品營養成分單一，長期食用會造成營養缺失

A. 1-4-3-2-5-6

B. 4-3-2-1-5-6

C. 1-3-4-5-2-6

D. 4-1-5-6-2-3

43. 選出下列句子的正確排列次序。

1. 「常形」是指現實生活中客觀物像的正常自然形態
2. 藝術美學所研究的，是正常的自然形態在藝術變形中的變化及美學意義
3. 「變形」是指客觀物象反映在藝術中的形態的改變
4. 所謂「變形」是相對「常形」而言
5. 例如兩頭蛇、三腳雞等，這些「變形」雖然怪異，但不是藝術美學研究的對象
6. 在現實生活中，由於種種原因，物象的形態有時會出現變異

A. 4-1-3-6-5-2
B. 6-5-2-4-1-3
C. 4-3-1-6-5-2
D. 4-3-1-2-6-5

44. 選出下列句子的正確排列次序。

1. 草原上大量的事例已經證明這些帝國都是曇花一現
2. 這些民族在歷史上是一股巨大的力量
3. 這種壓力不斷地影響著這些地區歷史的發展
4. 世界上的遊牧民族大都生息在歐亞大草原上
5. 他們的歷史重要性在於他們向東、向西流動時，對中國、波斯、印度和歐洲所產生的壓力
6. 他們的歷史重要性主要不在於他們所建立的帝國

A. 1-4-6-5-3-2
B. 1-6-5-3-4-2
C. 4-2-6-1-5-3
D. 4-1-6-5-2-3

45. 選出下列句子的正確排列次序。

1. 18世紀，茶逐漸成為全民飲品倫敦工人大約花費家庭總收入的5%來購買茶葉
2. 到1800年，公司每年在茶上投資四百萬英鎊
3. 中英早期貿易基本上是奢侈品與中草藥
4. 東印度公司不再進口那些只有富人才消費得起的中國商品，轉而銷售這種人人都負擔得起的商品
5. 與中國的貿易成為英國政府的主要稅收來源，他們向進口的茶徵收100%的貨稅
6. 茶便是後者之一，它打動了英國人的味覺

A. 1-4-3-6-5-2

B. 1-3-6-2-4-5

C. 3-6-1-4-2-5

D. 3-6-5-1-2-4

- 全卷完 -

CRE-BLNST

文化會社出版社 **CULTURE CROSS LIMITED**

答題紙 ANSWER SHEET

請在此貼上電腦條碼 Please stick the barcode label here

(1) 考生編號 Candidate No.
(2) 考生姓名 Name of Candidate
(3) 考生簽署 Signature of Candidate

宜用H.B.鉛筆作答
You are advised to use H.B. Pencils

考生須依照下圖所示填畫答案：

23 A B C D E

錯填答案可使用潔淨膠擦將筆痕徹底擦去。

切勿摺皺此答題紙

Mark your answer as follows:

23 A B C D E

Wrong marks should be completely erased with a clean rubber.

DO NOT FOLD THIS SHEET

1	A	B	C	D	E	21	A	B	C	D	E
2	A	B	C	D	E	22	A	B	C	D	E
3	A	B	C	D	E	23	A	B	C	D	E
4	A	B	C	D	E	24	A	B	C	D	E
5	A	B	C	D	E	25	A	B	C	D	E
6	A	B	C	D	E	26	A	B	C	D	E
7	A	B	C	D	E	27	A	B	C	D	E
8	A	B	C	D	E	28	A	B	C	D	E
9	A	B	C	D	E	29	A	B	C	D	E
10	A	B	C	D	E	30	A	B	C	D	E
11	A	B	C	D	E	31	A	B	C	D	E
12	A	B	C	D	E	32	A	B	C	D	E
13	A	B	C	D	E	33	A	B	C	D	E
14	A	B	C	D	E	34	A	B	C	D	E
15	A	B	C	D	E	35	A	B	C	D	E
16	A	B	C	D	E	36	A	B	C	D	E
17	A	B	C	D	E	37	A	B	C	D	E
18	A	B	C	D	E	38	A	B	C	D	E
19	A	B	C	D	E	39	A	B	C	D	E
20	A	B	C	D	E	40	A	B	C	D	E

文化會社出版社
投考公務員 模擬試題王

中文運用
模擬試卷（五）

時間：四十五分鐘

考生須知：

（一） 細讀答題紙上的指示。宣布開考後，考生須首先於適當位置貼上電腦條碼及填上各項所需資料。宣布停筆後，考生不會獲得額外時間貼上電腦條碼。

（二） 試場主任宣布開卷後，考生請檢查試題冊及確定試題冊內共四十五條試題。第四十五條後會有「**全卷完**」的字眼。

（三） 本試卷各題佔分相等。

（四） **本試卷全部試題均須回答**。為便於修正答案，考生宜用HB鉛筆把答案填畫在答題紙上。錯誤答案可用潔淨膠擦將筆痕徹底擦去。考生須清楚填畫答案，否則會因答案未能被辨認而失分。

（五） 每題只可填畫**一個**答案。如填劃超過一個答案，該題將**不獲評分**。

（六） 答案錯誤，不另扣分。

（七） 未經許可，請勿打開試題冊。

CC-CRE-UC

（一）閱讀理解

I. 文章閱讀（8題）

在這部分，考生須閱讀一篇題材與日常生活或工作有關的文章，然後回答問題。題目在於測試考生在理解和掌握文章意旨、深層意義、辨別事實與意見、詮釋資料等方面的能力。

(1) 研究農村，首要的問題是理解農村社會和農民階層的生活狀態和行為特徵。在這方面，農村經濟研究者必須＿＿＿＿＿＿＿和參考社會學和文化人類學的研究方法以研究成果。

(2) 比如，在研究中國農村金融的時候，如果不能深切了解中國農民和農村的社會生活及其結構特徵，就很難了解為什麼農民會選擇這種金融組織形式和融資方式，而拒斥另一種金融組織形式和融資方式，就很難理解為什麼有些金融機構在農村領域獲得了極大的成功，而有些金融機構卻負債纍纍乃至於倒閉。

(3) 社會研究，包括農村研究的基本方式有調查研究、實驗研究、實地研究和文獻研究等。

(4) 調查研究的基本要素包括抽樣、問卷、統計分析、相關關係等。實驗研究的構成要素包括實驗組、控制組、實驗刺激、因果關係等。實地研究包括參與觀察、研究者的角色、投入理解、扎根理論等。而文獻研究則包括內容分析、現有統計分析等。

(5) 這四種方法反映了不同的方法論傾向：以實驗研究、調查研究和文獻研究為代表的定量研究方式，比較集中地體現了實證主義方法論的傾向；而以實地研究為代表的定性研究方法，則集中體現了人文主義方法論的傾向。

(6) 不同研究方式也分別被用於不同的研究目的：調查研究最常被用於描述一個大的總體的狀況，以及探討不同變量之間的相關關係；實驗研究則主要被用於探索和證明兩個變量之間的因果關係；實地研究則更多是在深入理解社會現實，以及在提煉和建構理論方面發揮作用；而文獻研究常被用於幫助研究者去探討那些任何其他方式在時間和空間上無法達到的社會現象和問題。

(7) 可以說，不同的方法有不同的用途，應該綜合運用各種方法，而不要局限於某一種方法。

(8) 應該指出的是，社會研究的方法體系是一個有機的整體，方法論是居於統帥地位的指導社會科學研究的一般思想方法和哲學基礎。

(9) 具有實證主義方法論的社會研究者，通常採用調查研究、實驗研究以及定量的文獻研究的方式，以凸現研究的規範性、精確性和客觀性。從建立研究假設、數據資料收集、定量分析方法的運用，直到依據結果的解釋和假設的檢驗，其中每一個步驟都盡可能嚴格按照自然科學研究的方式進行。而具有人文主義方法論的學者，則更經常地採用實地研究的方式，以及定性的研究方式，以凸現研究過程的特殊性、深入性和主觀性，在研究思路上更多地依賴研究者的主觀體悟，方法上更多地依賴研究者的參與和對情景的分析。

01. 填入文中橫線處最恰當的一項是：

A. 探尋

B. 憑借

C. 追隨

D. 借助

02. 關於「有些金融機構在農村領域獲得了極大的成功」的原因，與文意不符的一項是：

A. 採用了適合當地農村的金融組織形式

B. 全面滿足了農民急需的農業生產融資

C. 理解當地農村社會的結構方式

D. 懂得農民的日常社會生活方式

03. 作者認為「實地研究」與其他幾種研究方法的主要不同點在於：

A. 更多體現了人文主義的研究傾向

B. 通過研究成果建立新的理論架構

C. 研究過程強調研究者的親身參與

D. 更多更深入地理解當前社會現實

04. 根據文意，下列對「實證主義」研究方法概括不準確的是：

A. 強調研究的規範性、精確性和客觀性

B. 盡可能按照自然科學研究的方式進行

C. 關注整個研究過程的特殊性及深入性

D. 通常採用調查研究、實驗研究的方法

05. 如果把這篇文章分為三個層次，最恰當的一項是：

A. 123 / 4567 / 89

B. 12 / 34567 / 89

C. 12 / 3456 / 789

D. 123 / 456 / 789

06. 研究農村，首要的問題是：

A. 理解農村社會和農民階層的生活狀態

B. 理解農村社會和農民階層的行為特徵

C. 以上皆是

D. 文中沒有提及

07. 調查研究的基本要素包括：

A. 抽樣

B. 問卷

C. 統計分析

D. 以上皆是

08. 具有實證主義方法論的社會研究者，通常採用什麼，以凸現研究的規範性、精確性和客觀性：

A. 調查研究

B. 實驗研究

C. 定量的文獻研究

D. 以上皆是

II. 片段/語段閱讀（6題）

這部分是測試考生在閱讀個別片段／語段時能否理解該段文字的含義或引申出來的觀點，找出支持或否定某些觀點的選項，或選出最能概括該段文字的一句話等。

09. 青銅鏡背面的花紋隨著時間的推移也有著各種各樣的變化。齊家文化時期的青銅鏡背面花紋較為簡單，到了漢代，鏡子的背面開始出現了幾何圖案，這些圖案設計的靈感或者源於當時漢代絲綢上的花紋。科特森還特意提供了一些漢代絲綢的藏品與青銅鏡共同展出，以便參觀者進行比較。到了隋唐時期，鏡子背面開始出現十二生肖、五岳四海等圖案。而隨著唐朝與西域和海外頻繁的貿易往來，一些外來的藝術設計理念也反映到青銅鏡上，其中包括葡萄藤、花草以及複雜的回紋樣式。元代以後的青銅鏡開始出現仿古的風潮，鏡子背面的設計有模仿唐朝以前青銅鏡的痕跡。

這段文字意在説明：

A. 青銅鏡背面花紋的演變

B. 青銅鏡背面花紋設計理念的回歸

C. 青銅鏡所承載的文化內涵

D. 中外交流對青銅鏡紋飾的影響

10. **結構化數據可以在關係數據庫中找到，多年以來一直在主導著信息技術的應用；半結構化數據包括電子郵件、文字處理文件以及大量發布在網絡上的新聞等，以內容為基礎，這也是谷歌和百度存在的理由；而非結構化數據廣泛存在於社交網絡、物聯網、電子商務之中。伴隨著社交網絡、移動計算和傳感器等新技術不斷產生，有報告稱，超過85%的數據屬於非結構化數據。很多人相信這些龐大的異構數據中蘊含著巨大財富——企業如果能在這些非結構化數據中挖掘知識並與業務融合，決策的依據將會更加全面和準確；在科學、體育、廣告和公共衛生等其他領域中，也有著向數據驅動型的發現和決策方式轉變的趨勢。**

    這段文字意在說明：
    A. 搜索引擎網站的發展方向
    B. 非結構化數據的商業價值
    C. 結構化數據和非結構化數據的區別
    D. 企業決策對龐大數據的依賴性

11. **有人說，傳統小說是依賴經驗的寫作，而網絡小說是依賴想象的寫作。看來，這兩種寫作需要找到一個結合點，依賴經驗的寫作需要吸納網絡小說的想象，而依賴想象的寫作則需要糅入傳統小說中豐厚充實的經驗。因此，當今的文學要從原創力日益萎縮的窘境中走出來，作家們增加生活經驗的積累應該是一個非常關鍵的舉措。但這還只是由經驗通往原創力的第一步。接下來必須在體驗上進行認真的修煉，使生活經驗轉化為心靈體驗，使客觀的經驗世界轉化為作家主觀的心靈世界。**

    這段文字重點強調的是：

A. 如何轉化經驗吸納想象
B. 怎樣找到傳統和網絡小説的結合點
C. 作家應該如何不斷地積累生活經驗
D. 如何提高文學的原創力

12. **企業家與輿論形象會對所代表的企業產生直接的影響，而在企業輿情事件中，企業家的言論與舉措會受到媒體和網民最為集中的關注。企業輿情應對中，積極的態度是緩解負面輿論的最大助力。企業家在輿情應對上總體表現良好，但是也有企業家應對不當，導致負面輿情擴大，有損個人和企業聲譽。**

這段話的重點闡述對象是：
A. 企業家輿論形象
B. 企業輿情事件
C. 企業輿情應對
D. 企業家輿情應對

13. **在圓明園被燒毀之前，氣勢最為恢宏的是長春園和綺春園，圓明園因為此二園被稱為「萬園之園」。但與歐洲石式建築不同，此二園中古建築多採用磚木結構，火燒後主體部分就蕩然無存，只剩下台基及夯土層。如今，原來並不如前二園出名的大水法因為採用石材而保留下來，現在反而成了園中最勝之景。**

這段文字意在説明：
A. 中西方建築的不同風格
B. 磚木結構建築不易完整保存的原因
C. 圓明園遺址保護中面臨的主要困難
D.「大水法」成為圓明園勝景的原因

14. **一個優秀的戰略制定者，不僅要有很強的邏輯分析能力，還要具備很強的直覺感受。他們必須同時是優秀的經濟學家和心理學家。近期關於人類認知的研究發現，戰略制定者若能得到利用聯想思維去發現、利用並説服各方接受潛在的機遇，通常會取得更好的結果。戰略創新不僅依靠客觀分析，同樣也需要直覺靈感。**

根據這段文字，可以知道：

A. 心理分析將成為制定戰略的秘密武器
B. 戰略制定者常常利用聯想思維去説服他人
C. 創新戰略常常是理性和感性結合的結果
D. 制定戰略時直覺感受比邏輯分析能力更重要

（二）字詞辨識（8題）

這部分旨在測試考生對漢字的認識或辨認簡化字的能力。

15. **下列文句何者沒錯別字？**

A. 老師的口才很好，言談灰諧幽默，深受同學歡迎。
B. 現在的社會重視創造力，循規道矩的人固然後好；異想天開的人也未必不好。
C. 生活不宜太過忙碌，適當的休憩才可繼續向前。
D. 校園的大榕樹長得盤根錯結，枝葉繁茂，據説已有七十多歲了。

16. **下列哪個選項有錯別字？**

A. 柯南辦案，明察秋毫，撲塑迷離的玄案很快就水落石出。

B. 馬友友的琴音猶如天籟，宛轉悠揚，大家都屏氣凝神，仔細聆聽。

C. 在繪畫工作中，有人從璀璨的色彩中找到繽紛的人生。

D. 青年學子常心有旁騖，玩日愒歲，視讀書為苦事。

17. 下列文句何者沒有錯別字？

A. 由於污染，現在人們在也不能再河邊捕魚抓蝦了。

B. 離開學校多年，但一見到從前的老師，他仍然會躬敬地行禮問好。

C. 讀書人必須有遠大的抱負和理想，不是只知到如何攫取金錢而已。

D. 白鷺鷥在湖面上輕點即起，留下淺淺的波紋緩緩盪開。

18. 下列文句，何者沒有錯別字？

A. 人須有開闊的胸襟，才能不犯得失，不計毀譽。

B. 懸之是愛，囑咐也是愛，兒女是父母一生卸卻不下的甜密負荷。

C. 不蔽風日，簞瓢屢空的窘困生活，挫折不了他發奮向上的心志。

D. 他的個性謹慎，做事非常穩當妥帖，絕對牢靠 。

19. 請選出下面簡化字錯誤對應繁體字的選項。

A. 质→盾

B. 装→裝

C. 专→專

D. 争→爭

20. 請選出下面簡化字錯誤對應繁體字的選項。

A. 只→隻

B. 众→傘

C. 制→製

D. 称→稱

21. 請選出下面繁體字錯誤對應簡化字的選項。

A. 創→创

B. 視→视

C. 凡→几

D. 識→识

22. 請選出下面繁體字錯誤對應簡化字的選項。

A. 樹→树

B. 試→试

C. 雙→双

D. 熟→热

（三）句子辨析（8題）

這部分旨在考核考生對中文語法的認識，辨析句子結構、邏輯、用詞、組織等能力。

23. 下列句子中，沒有語病的一項是：

A. 最新研究發現，每天坐三個小時以上將導致預期壽命減少兩年，就算保持良好的運動習慣，沒有吸煙等不良嗜好，也無助於改變這一結果。

B. 微軟拼音、雙拼、全拼、智慧型ABC及鄭碼等輸入法，是電腦用戶中很受歡迎的中文輸入法。

C. 童話《皇帝的新衣》的作者是聞名世界的丹麥作家安徒生的作品。

D. 為了避免道路交通不擁堵，各地紛紛推出交通管理新措施。

24. 下列選項中，沒有語病的一句為：

A. 能否貫徹落實科學發展觀，對構建和諧社會、促進經濟可持續發展無疑具有重大的意義。

B. 在專業研究、實驗方面有優勢的單位，有派出講學人員、接受訪問學者、舉辦訓練班以及對其他協作單位提供幫助的義務。

C. 這個縣的玉米生產，由於合理密植，加強管理，一般長勢良好。

D. 學校抓不抓青少年理想教育的問題，是關係到中國建設設事業後繼有人的大事，必須引起高度重視。

25. 下列各句中，沒有語病的一句是：

A. 從古老的刀耕火種，到21世紀的現代化農副產品基地，教會了勤勞的農民怎樣生活在這片土地上。

B. 生態文明對人們思維方式的變革、倫理道德觀念的變化和科學生活方式的形成等都具有重大影響。

C. 我市作為全省醫療制度改革首批16個試驗點，所有人都加入了合作醫療。

D. 該公司提交的報告充滿了顛倒是非、隱瞞、捏造事實，以及對別家公司的惡毒誣蔑與仇恨。

26. 下列各句中，有語病的一句為：

A. 港口懸掛著許多旗幟、軍樂隊和前來歡迎的人群擠在碼頭上，氣氛非常熱烈。

B. 作戰是一種遊戲，應當滿面笑容、沉著冷靜地去玩這種遊戲。

C. 定身術的修煉方法各門派大體差不多，只是各有訣竅不同而已。

D. 很多人尤其是年輕人，在吃飯時養成了邊吃邊用手機上網的習慣，然而醫生發出警告，這種行為會影響消化，時間長了甚至可能造成消化系統紊亂。

27. 下列各句中，沒有語病的一句是：

A. 這次工作坊的學員，除香港大學本校人員外，還有來自中文大學等多所大學的師生也參加了學習。

B. 我們的報刊、雜誌、電視和一切出版物，更有責任作出表率，杜絕用字不規範的現象，增強使用語言文字的規範意識。

C. 王先生認為，如今衡量一部文學作品的價值大都依據市場銷量，這缺少足夠的權威性與公信力，眼下不少暢銷書本身並不具備多少文學價值，只因為炒作等原因而受歡迎。

D. 這家工廠雖然規模不大，但曾兩次榮獲科學獎，三次被授予優質產品稱號，產品遠銷世界各地。

28. 下列選項中，沒有語病的一句為：

A. 為了培養學生關心他人的美德，我們學校決定組織開展義工服務活動，三個月內要求每名學生完成20個小時的義工服務。

B. 中國棉布深受各國顧客的歡迎，是由於紡織工人努力提高生產質量。

C. 比賽採用馬拉松競賽方法，取男、女各前三十名。

D. 如果接受的思想有錯誤的，也根深蒂固地扎在腦中怎麼辦？

29. 下列各句中，有歧義的一句是：

A. 這次去美國，他買了三件禮品回來。

B. 時間過得真快呀，第一次見你時我才六歲。

C. 我和王先生已經商量好了，下了課可以去打球。

D. 通過網絡「問政於民、問需於民、問計於民」，正是政府管理班子提出並率先示範的。

30. 下列各句中，沒有語病的一項為：

A. 人們一般把火山分為活火山、死火山和睡火山三類。自爆發形成，在人類歷史上迄今為止沒有爆發過的火山叫死火山；在人類歷史中爆發過，以後長期處於平靜，但仍可能爆發的火山叫睡火山：經常的或周期性爆發的火山 叫活火山。

B. 堅強的李先生視死如歸，然而他受盡了折磨，身軀已像草杯般瘦。

C. 他不是在車房，就是在倉庫，要不就在豬場。

D. 如果分析什麼文章，只有掌握了這種方法，才能迎刃而解。

(四)詞句運用(15題)

這部分旨在測試考生對詞語及句子運用的能力。

31. **文化體現在一個人如何對待他人、對待自己、如何對待自己所處的自然環境。在一個文化厚實的社會裡,人懂得尊重自己,不苟且,所以有品位;人懂得尊重別人,不＿＿＿＿＿,所以有道德;人懂得尊重自然,不＿＿＿＿＿,所以有永續的智能。**

    A. 卑微　貪婪
    B. 野蠻　索取
    C. 勢利　強求
    D. 霸道　掠奪

32. **好想法的產生,必須以發現＿＿＿＿＿一個好問題為前提,不像教師指定作業中的問題,科學研究中的好問題不是＿＿＿＿＿的,而是在富有創造性的調查研究基礎上發現的,調研不只是簡單地收集常規信息,而是以很強的＿＿＿＿＿和行動力去探究常人想不到的向題。**

    A. 現成　好奇心
    B. 既定　責任感
    C. 複雜　事業心
    D. 明確　洞察力

33. **在環境問題上，我們所面臨的困境不是由於我們__________，而是我們盡力做了，但卻無法退制環境惡化的勢頭。這是一個信號：把魔鬼從瓶子裡放出來的人類，已經失去把魔鬼再裝回去的能力。**

A. 無所顧忌

B. 無所不為

C. 無所事事

D. 無所作為

34. **非物質文化遺產總是在變化發展中傳承的，許多傳統劇種的形成也並非__________，而是經過數代人在傳承過程中，根據社會發展變化和大眾審美需求，不斷地進行著或大或小的適應性調適、創新、完善乃至重構。**

A. 一蹴而就

B. 一脈相承

C. 一成不變

D. 一帆風順

35. **我們需要以開放包容的心態「美人之美」，善於發現和吸收外來文化的精華，不__________；需要以文化自覺的主體意識「各美其美」，堅守和弘揚優秀中華文化傳統，不__________、盲目崇外。**

A. 目空一切　自暴自棄

B. 妄自尊大　妄自菲薄

C. 唯我獨尊　自慚形穢

D. 自高自大　自輕自賤

36. **「蒼蠅媽媽」是對那些過份關注孩子的家長的稱呼，這類家長試圖時刻都走在孩子前面，提前為他們掃清障礙。美國華盛頓大學的一項相關研究顯示，過份關顧孩子的父母會妨礙兒童個人能力和獨立意識的發展；無微不至的照料會降低兒童的幸福感，並令他們在長大後難以正確應對壓力。受到父母過度照料的兒童，長大後經常會意志消沉，對生活不滿，精神焦慮。為了孩子的身心健康，「蒼蠅媽媽」們，____________________。**

A. 請適當降低對孩子的期望值

B. 請移開你們擋在孩子前面的身體

C. 請先學會不被其他意見影響或左右

D. 請相信你們糾結的事情其實沒那麼重要

37. **紅杉樹是地球上僅存的紅木科樹種之一。美國紅杉樹公園有一片高大挺拔的紅杉，軀幹通體絳紅，冠上枝丫遮天蔽日，根部直徑達8米。據說世界上最高的紅杉在澳洲，不幸其主幹毀於雷電，最終定格在了75.2米。樹木的生長也是競爭的過程，在成長中盡快長高、長大就能爭取到更多的陽光，根部粗壯之後，從地下獲得的水和養份也會增加。所以，____________________。**

A. 大樹的長成需要天時、地利

B. 沒有競爭，就沒有生存，也就沒有發展

C. 萬物生長靠太陽

D. 能生存下來的是最能夠適應變化的物種

38. **法林明高舞是歌、舞蹈和結他音樂三為一體的藝術。一般認為它是從北印度出發的吉卜賽人，幾經跋涉來到西班牙南部，帶來的一種融合印度、阿拉伯、猶太、拜占庭及西班牙南部元素的樂舞。因被居住在西班牙安達魯西亞的吉卜賽人創立傳承，所以被稱為法林明高舞。＿＿＿＿＿＿＿＿＿＿＿。就像提起森巴舞，人們會想到巴西；提起踢踏舞，會想到愛爾蘭；那麼說到法林明高舞，你一定會想到西班牙。**

A. 法林明高舞已經成為西班牙的文化符號

B. 法林明高舞代表了西班牙人的生活方式

C. 想了解法林明高舞必須要了解它的發展歷史

D. 法林明高舞是西班牙舞壇最流行的舞種之一

39. **農村孩子不易躍「龍門」，症結在於＿＿＿＿＿＿＿＿＿＿＿。農村孩子從幼稚園、小學到初中，一開始就輸在起跑線上。這些年，教育投入越來越給力，但教育嫌貧愛富的現象依然存在，越是大城市和名校，投入越多、動輒花上億元建設超級中學，優質教育資源集中到少數的學校，而一些農村學校卻成了被忽略的大多數，不少孩子仍在危房裡上課，農村孩子的入學率、升學率和受教育程度遠低於城市。一步落後，步步落後，再加上一些招生制度的影響，農村孩子難跟城裡孩子比較，失去了上更好大學的機會。**

A. 城鄉經濟發展水平的不均衡

B. 農村孩子上更好大學的機會少

C. 城鄉教育資源不均衡

D. 農村孩子輸在起跑線上

40. 精神上的各種缺陷，可以通過求知來彌補。____________________。例如打球有利於腰腎，射箭可以擴胸張肺。

A. 這與身體上的缺陷可以借助運動來彌補有相同之處

B. 正如身體上的缺陷，可以通過運動來彌補一樣

C. 借助運動可以來彌補身體上的缺陷

D. 精神上的身體上的缺陷猶如身體上的缺陷一樣，可以通過運動來彌補

41. 選出下列句子的正確排列次序。

1. 事實上，在耕田之外也幾乎沒有其他的選擇

2. 同樣地，生活上的大小事情除了可以遵從風俗習慣之外，也有宗親長老按祖訓家法裁奪

3. 在傳統的農業社會裡，絕大多數的人以農業為生

4. 在某一層意義上來說，一個人幾乎沒有什麼機會要他自己做決定，在少數需要他自己做決定的時候，也有現成的規矩習慣等等可以作為參考

5. 農作上的點點滴滴，除了靠自己經年累月的累積，也由宗親長老口耳相傳

6. 這些經驗、規矩、風俗、習慣、祖訓、家法，可以說涵蓋了一個人生老病死、婚喪嫁娶的每一個環節

A. 1-3-5-4-2-6

B. 3-1-5-2-6-4

C. 1-3-5-2-6-4

D. 3-1-5-4-2-6

42. 選出下列句子的正確排列次序。

1. 將會造成時間上的錯位，捨近求遠
2. 靠單純大力發展生新能源，遠水解不了近渴
3. 如果忽視了這點，而盲目發展可再生資源的「裝機容量」
4. 目前而言，最需要重點對待的是傳統能源的改進和合理利用
5. 但是可再生能源（含水能）產量只相當於六億噸標準煤，約佔全部能耗的13%
6. 根據目前的能源消耗水平測試進行測試，到2020年，中國總耗能約達45億噸標準煤

A. 6-2-1-3-4-5
B. 6-5-2-4-3-1
C. 4-6-1-5-2-3
D. 4-3-1-6-2-5

43. 選出下列句子的正確排列次序。

1. 雖然在諸多布衣之士那裡，把功成身退視為理想的結局，但無可否認，在他們的內心深處，亦有渴望乃至留戀榮華富貴的虛榮感和現世享受的功利觀念
2. 因為在他們的思想中，出而為仕的主要目的是為了推行他們理想中的道，而榮華富貴是附著於上的次生品
3. 渴望遇合，達則兼濟天下，救國難，解民困，建不朽之功、永世之業，這是布衣之士共同的理想目標
4. 樂道安貧是布衣之士在長時間的歷史過程中形成的可貴的精神氣節
5. 然而，在榮華富貴與道之間，布衣之士首先選擇的還是道
6. 當其與道不違時，他們可以而且也樂於接受；反之，就會毫不猶豫地捨棄它

A. 3-1-4-2-6-5

B. 3-2-5-4-6-1

C. 4-1-5-6-2-3

D. 4-3-1-5-2-6

44. 選出下列句子的正確排列次序。

1. 單純羅列史料，構不成歷史

2. 只有在史料引導下發揮想像力，才能把歷史人物和事件的豐富內涵表現出來

3. 歷史研究不僅需要發掘史料，而且需要史學家通過史料發揮合理想像

4. 所謂合理想像，就是要儘可能避免不實之虛構

5. 這是一種悖論，又難以杜絕

6. 但是，只要想像就難以避免不實虛構出現

A. 4-5-6-3-2-1

B. 3-1-2-4-6-5

C. 5-6-2-1-4-3

D. 1-3-4-6-5-2

45. 選出下列句子的正確排列次序。

1.「發思古之幽情」，不僅使人傷感於昔日的興衰往事，還能使人們從中汲取教益，陶冶性情，抒發情懷

2. 多少詩人詞家為之謳歌詠春，留下了動人的詩篇，更增添了古蹟的光彩

3. 古往今來，不知撥動了多少人的心弦，引發了多少人的沉思

4. 歷史文化古蹟，有著十分巨大的魅力

5. 三國時期的魏、蜀、吳赤壁大戰，孫、劉聯盟以少勝多，擊敗曹操83萬軍馬，體現這一重大歷史事件的赤壁古蹟，被世代傳下來

A. 5-1-2-4-3

B. 4-5-1-2-3

C. 4-3-1-5-2

D. 5-2-3-4-1

- 全卷完 -

CRE-BLNST

文化會社出版社 **CULTURE CROSS LIMITED**

答題紙 ANSWER SHEET

請在此貼上電腦條碼 Please stick the barcode label here

(1) 考生編號 Candidate No.
(2) 考生姓名 Name of Candidate
(3) 考生簽署 Signature of Candidate

宜用H.B.鉛筆作答
You are advised to use H.B. Pencils

考生須依照下圖所示填畫答案：

23 A B C D E

錯填答案可使用潔淨膠擦將筆痕徹底擦去。
切勿摺皺此答題紙

Mark your answer as follows:

23 A B C D E

Wrong marks should be completely erased with a clean rubber.

DO NOT FOLD THIS SHEET

1	A	B	C	D	E	21	A	B	C	D	E
2	A	B	C	D	E	22	A	B	C	D	E
3	A	B	C	D	E	23	A	B	C	D	E
4	A	B	C	D	E	24	A	B	C	D	E
5	A	B	C	D	E	25	A	B	C	D	E
6	A	B	C	D	E	26	A	B	C	D	E
7	A	B	C	D	E	27	A	B	C	D	E
8	A	B	C	D	E	28	A	B	C	D	E
9	A	B	C	D	E	29	A	B	C	D	E
10	A	B	C	D	E	30	A	B	C	D	E
11	A	B	C	D	E	31	A	B	C	D	E
12	A	B	C	D	E	32	A	B	C	D	E
13	A	B	C	D	E	33	A	B	C	D	E
14	A	B	C	D	E	34	A	B	C	D	E
15	A	B	C	D	E	35	A	B	C	D	E
16	A	B	C	D	E	36	A	B	C	D	E
17	A	B	C	D	E	37	A	B	C	D	E
18	A	B	C	D	E	38	A	B	C	D	E
19	A	B	C	D	E	39	A	B	C	D	E
20	A	B	C	D	E	40	A	B	C	D	E

MC

文化會社出版社
投考公務員 模擬試題王

中文運用
模擬試卷（六）

時間：四十五分鐘

考生須知：

（一） 細讀答題紙上的指示。宣布開考後，考生須首先於適當位置貼上電腦條碼及填上各項所需資料。宣布停筆後，考生不會獲得額外時間貼上電腦條碼。

（二） 試場主任宣布開卷後，考生請檢查試題冊及確定試題冊內共四十五條試題。第四十五條後會有「**全卷完**」的字眼。

（三） 本試卷各題佔分相等。

（四） **本試卷全部試題均須回答**。為便於修正答案，考生宜用HB鉛筆把答案填畫在答題紙上。錯誤答案可用潔淨膠擦將筆痕徹底擦去。考生須清楚填畫答案，否則會因答案未能被辨認而失分。

（五） 每題只可填畫**一個**答案。如填劃超過一個答案，該題將**不獲評分**。

（六）答案錯誤，不另扣分。

（七）未經許可，請勿打開試題冊。

CC-CRE-UC

（一）閱讀理解

I. 文章閱讀（8題）

在這部分，考生須閱讀一篇題材與日常生活或工作有關的文章，然後回答問題。題目在於測試考生在理解和掌握文章意旨、深層意義、辨別事實與意見、詮釋資料等方面的能力。

為什麼歐美人和亞洲人擁有不同的思維方式？
為什麼前者傾向於個人主義，並且慣於以分析的方式推理，而後者絕大多數呈現出一種集體主義，並且習慣從整體角度思維？
這是個宏大的問題，人們曾從宗教信仰、生活方式，甚至基因中尋找答案。
今天，托馬斯•塔搭爾海姆，美國弗吉尼亞大學的一名社會心理學博士生，提出了一個全新的解釋。這些彼此差別的文化，部分來源於滋養它們的穀物：從新石器時代起，小麥在歐洲的主導地位和水稻種植在東亞和東南亞的盛行，可能持續地影響了人們的心理，並且在兩種情況中產生了完全不同的認知過程。
以水稻種植為例，它要求農民之間通力合作。巴黎高等農藝科學學院農業系的奧利維耶解釋說：「水從上游的田地流向下游的田地，農民之間首先要就水流的管理達成一致，以避免這家排水澇了那家的地。」
隨著時間的流逝，合作的需要就會促進該地區集體主義價值的增長。「當人們需要別人幫他獲得『每日的麵包』時，就必須更多地關注別人，並且學著妥協。」美國密歇根大學文化心理學研究者理查德•尼斯貝特總結說。
相反，小麥文化從2000多年前起就引入了畜力輔助耕種，並不太需要耕作者彼此間這樣的合作。於是這種農業方式允許更為個人主義的價值萌芽，並且隨著時間流逝，超越個人的農業行為，發展成為文化準則，傳遞給一代又一代人。

這些相對立的價值接下來導引出歐美人與亞洲人之間的第二項區別，這一次涉及思維方式。

歐美人這邊，個人主義助長了分析的思考方式：將屬性歸於物體，以便將它們從背景中整理出來，分門別類。而東亞這邊，集體主義推進了更為整體的思考方式的發展，也就是說，「圍繞關係而非類別、圍繞系統而非物體組織起來的一種思考方式，表現出對背景的更多關注」，理查德 • 尼斯貝特描述道。

一個社會的集體主義文化和身處其中的個體的思維方式，二者之間有何聯繫？「如果有人意識到自己屬於一個更大的背景，他是這個背景中相互依賴的元素之一，那麼他就很有可能以同樣的方式觀察周遭的物體和事件。」黑茲爾和北山忍於1991年在《心理學研究》上解釋道。與之相對，個人主義傾向於發展出另一種思維方式，將物體獨立於環境，強調其專有屬性。

這個理論假設再次將文化與自然之間的深刻關係擺在我們面前。因為正是自然決定了糧食作物，乃至我們的思想。一如稻米和小麥，人類心靈也是大地的果實。

01. 關於文中第二自然段提到的「以分析的方式推理」，下列理解不正確的是：

A.「分析的方式」強調依據事物的屬性和基本的成分來進行研究

B.「分析的方式」意味著將物體視作獨立於背景的存在進行研究

C.「分析的方式」擅長挖掘事物之間的關係和事物構成的系統

D.「分析的方式」傾向於對事物進行分門別類的研究

02. 根據文意可知，「個人主義」與思維方式的聯繫在於：

A. 個人因為經常意識到自己是更大集體中的一個成員，從而也習慣以同樣的方式觀察世界，那就是分析式的推理

B. 個人因為習慣於給自己己的存在賦予更大價值，從而也習慣將事物脱離其背景來加以觀察

C. 個人因為經常意識到自己是更大集體中的一個成員，從而也習慣將事物脱離其背景來加以觀察

D. 個人因為習慣於給自己的存在賦予更大價值，從而也習慣將周遭物體和事件聯繫起來考察

03. 文中橫線處引用了《心理學研究》中的觀點，其用意是：

A. 為文章補充事實論據

B. 為文章補充理論論據

C. 為觀點提供新的視角

D. 為論點補充背景知識

04. 最後一段寫道「一如稻米和小麥，人類心靈也是大地的果實」，下列理解錯誤的是：

A. 這句話使用了比喻的修辭手法，把稻米和小麥比作人類心靈

B. 這句話將人類心靈與糧食作類比，揭示人類心靈的某些屬性

C. 這句話將人類文化心理與自然相聯繫、深化了文章主題

D. 這句話的意思是人類的心智會受到自然環境的深刻影響

05. 為本文取一個標題的話，下列選項最恰當的是：

A. 農業：人類心理的一把鑰匙

B. 歐美人與亞洲人思維差異溯源

C. 文化與自然

D. 穀物類型：祖先的思維新動力

06. 歐美人和亞洲人思維方式有何不同？

A. 歐美人傾向於個人主義，並且慣於以分析的方式推理

B. 亞洲人絕大多數呈現出一種集體主義，並習慣從整體角度思維

C. 以上皆是

D. 文中沒有提及

07. 歐美人的個人主義助長了：

A. 分析的思考方式

B. 利他主義

C. 集體負責制

D. 宗教信仰

08. 個人主義傾向於發展出另一種思維方式：

A. 將物體獨立於環境

B. 強調其專有屬性

C. 以上皆是

D. 文中沒有提及

II. 片段/語段閱讀（6題）

這部分是測試考生在閱讀個別片段／語段時能否理解該段文字的含義或引申出來的觀點，找出支持或否定某些觀點的選項，或選出最能概括該段文字的一句話等。

09. **任何信息傳輸體制都有其自身無法克服的弊端，都可能出現信息不暢的情況。信息的傳輸者和接受者之間在主觀上和客觀上存在著信息供給與信息需求的矛盾，很容易為非正規傳輸渠道打開方便之門；了解信息無門，就會尋找體制外的信息渠道。於是某些知情或者號稱知情者，就會「各投所好」，傳播或者製造小道消息。小道消息作為社會信息需求的一種自我補救，它是在組織交流不充分、不通暢的情況下出現的，是一種不正常的畸變信息。盡管其可能存在一定的真實性，但其擴散的結果很難控制，容易引發社會盲動。**

這段文字說明了：

A. 小道消息出現的原因

B. 信息傳輸體制的弊端

C. 形成信息不暢的原因

D. 信息不對等造成的後果

10. **雖然處於不同的地域，屬於不同的民族，擁有不同的風貌，但人們對主食樣貌、口感的追求，處理和加工主食的智慧，以及對主食的深厚感情是同樣的。從遠古時代賴以充飢的自然穀物到如今人們餐桌上豐盛的、讓人垂涎欲滴的美食，一個異彩紛呈、變化多端的主食世界呈現在你面前。**

這段話的主題是：

A. 主食與地域性

B. 主食與民族性

C. 主食與多樣性

D. 主食與時代性

11. **互聯網經常被稱為虛擬空間，但活躍在其中的，依然是現實世界中的人。有人的地方就應當有規則和秩序，這早已是人類社會的常識，現實世界如此，虛擬空間也是如此。互聯網的無限開放性，使得它比現實世界更容易出現無序。**

    作者通過以上文字，試圖引出的論點是：

    A. 現實世界離不開規則和秩序

    B. 互聯網世界也要建立和完善規則和程序

    C. 人類社會離不開規則和秩序

    D. 互聯網空間與人類現實世界有共同之處

12. **隨著人們的壽命延長，更快地退休，他們可用的時間愈來愈多。在亞洲國家，享受悠閑生活的重要性正獲得人們新的關注。在亞洲國家快速邁向老齡化社會之際，它們正盡力解決如何最好地讓其人口做好準備，擁抱退休後的生活的問題。隨著嬰兒潮一代開始退休，這一問題更加緊迫。**

    這段文字旨在討論：

    A. 如何享受悠閒的退休生活

    B. 如何解決老齡化社會問題

    C. 如何解決嬰兒潮退休問題

    D. 延長壽命與推遲退休問題

13. **促進生產要素合理流動和優化配置，實現區域優勢互補，提高經濟整體發展質量和效益，離不開健全的市場機制。實施區域發展總體戰略，促進區域經濟協調發展，需要在完善市場機制上下功夫，目前應強調兩個方面。一方面，要糾正要素價格扭曲現象，用價格槓桿引導各類生產要素合理流動，優化要素資源配置，提高經濟效益。另一方面，要正確應對生產要素供需的結構性變化。**

    對上述文字的中心意思概括最恰當的一項是：

    A. 要推進區域經濟協調發展，需要完善市場機制，促進生產要素合理流動

    B. 價格機制是調整資源配置的有效手段

    C. 健全的市場機制是經濟發展的充分條件

    D. 促進生產要素的合理流動和優化資源配置

14. **現代農業的發展不能脱離生態安全和產品安全兩個基本要求，因此，農業污染防治應作為現代農業發展的重要任務之一。不同於工業污染和城市污染。農業污染涉及面廣而隱蔽性強，評估難度大，不適合建立懲罰型機制。同時，由於農民收入水平相對較低，不可能進行「污染收費」，所以說，必須建立激勵型經濟補償機制，從根本上提高農戶防控污染的積極性。這種補償機制實質上是對生態建設與保護所付出的成本（包括放棄發展機會的損失）進行補償。**

    對這段文字的主旨概括最準確的是：

    A. 農業污染防治是現代農業發展的重要任務

    B. 治理農業污染與工業污染的方法有所不同

    C. 轉變農業發展模式是治理農業污染的前提

    D. 現代農業污染防治應樹立激勵補償型理念

（二）字詞辨識（8題）

這部分旨在測試考生對漢字的認識或辨認簡化字的能力。

15. 請選出完全沒有錯別字的一組：

A. 年輕力壯、奮發有為、崇高理想、再接再勵

B. 選舉揭曉、竭盡心力、短褐穿結、玩日愒歲

C. 強敵環伺、滄海一粟、無比心酸、站穩腳根

D. 乍暖還寒、氣侯乾躁、令人煩燥、慢條斯理

16. 下列文句沒有錯別字的選項是：

A. 候選人為求勝選，常暗劍傷人，無的放矢，著實令人不恥。

B. 同學經常為不停的大小考試而煩惱、報怨。

C. 做任何事情，只要小心謹慎，便可避免誤謬的發生；只要按部就班，成功便唾手可得。

D. 今天早上遇見我小學同學，兩人寒喧了將近半小時。

17. 下列文句中的成語，無錯別字的是：

A. 這幾篇作品，實在是汗牛充棟，難登大雅之堂。

B. 這件案件盤根錯結，非你老兄不能解決。

C. 我對兒童心理學一竅不通，不敢替你亂出主意。

D. 我最近軟囊羞澀，這筆帳你先幫我墊一下吧。

18. 以下文句中何者沒有錯別字？

A. 他踩著蹣跚的步屢，慢慢地走過來。

B. 甘食愉衣、玩日愒歲的人，很難期待他能有所成就。

C. 綠藤爬滿了那幢小屋，據說那兒曾是羅密歐與茱麗葉相約會面的地方。

D. 我常愛對著遠天暇想，模擬雲彩的變幻，做為無聊夏日午後的消遣。

19. **請選出下面簡化字錯誤對應繁體字的選項。**

A. 则→則

B. 参→滲

C. 虽→雖

D. 岁→歲

20. **請選出下面簡化字錯誤對應繁體字的選項。**

A. 议→議

B. 阳→陰

C. 艺→藝

D. 亚→亞

21. **請選出下面繁體字錯誤對應簡化字的選項。**

A. 遊→游

B. 醫→医

C. 煙→烟

D. 務→矛

22. **請選出下面繁體字錯誤對應簡化字的選項。**

A. 灣→湾

B. 溫→温

C. 遠→袁

D. 約→约

（三）句子辨析（8題）

這部分旨在考核考生對中文語法的認識，辨析句子結構、邏輯、用詞、組織等能力。

23. 下列各句中，沒有語病的一句是：

A. 中國印章已有兩千多年的歷史，它由實用逐步發展成為一種具有獨特審美的藝術門類，受到文人、書畫家和收藏家的推崇。

B. 之所以有很多作者選擇獨立動畫創作且樂此不疲，根本原因就是這種表達方式很有趣，個人色彩很濃厚，能突破很多既定樣式的牢籠，是一種真正「創造」出來的文化產品。

C.《全宋文》的出版，對於完善宋代的學術文獻、填補宋代文化研究的空白、推動傳統文化研究的意義特別重大。

D. 改革開放帶動了經濟，農貿市場的貨物琳瑯滿目，除各種應時的新鮮蔬菜外，還有肉類、水產品、魚，蝦、甲魚、牛蛙及各種調味品。

24. 下列各句中，沒有語病的一句是：

A. 截至12月底，我院已經推出了40多次以聲光電技術打造的主題鮮明的展覽，是建院90年來展覽次數最多的一年。

B. 書法是中國優秀的傳統文化，近年來在教育部門大力扶持下，使得中小學書法教育蓬勃發展，學生水平大幅提高。

C. 中國傳統的「二十四節氣」被列入《人類非物質文化遺產代表作名錄》，使得這一古老的文明再次吸引了世人的目光。

D. 這家公司雖然待遇一般，發展前景卻非常好，許多同學都投了簡歷，但最後公司只錄取了我們學校推薦的兩個名額。

25. **下列各句中，沒有語病的一句是：**

A. 今天參觀的石窟造像群氣勢宏偉，內容豐富，堪稱當時的石刻藝術之冠，被譽為中國古代雕刻藝術的寶庫。

B. 傳統文化中的餐桌禮儀是很受重視的。老人常說，看一個人的吃相，往往會暴露他的性格特點和教養情況。

C. 在那些父母性格溫和、情緒平和的孩子身上，往往笑容更多，幸福感更強，抗挫折能力更突出，看待世界也更加寬容。

D. 每當回憶起和他朝夕相處的一段生活，他那和藹可親的音容笑貌，循循善誘的教導，又重新出現在我面前。

26. **下列各句中，沒有語病的一句是：**

A. 戰士們冒著滂沱的大雨和泥濘的小路快速前進。

B. 隨著廠商陸續推出新車型，消費者又再次將目光聚焦到新能源車上，不少新能源車的增長在15%到30%左右。

C. 同學們以敬佩的目光注視著和傾聽著這位老山英雄的報告。

D. 當人類信息以指數級別爆炸式增長時，我們需要能深度學習的人工智慧為我們提供協助，幫助我們讓生活更加便捷輕鬆。

27. **下列各句中，沒有語病的一項是：**

A. 農民耕種的符合政策規定的自留地是一種正當的勞動。

B. 規規矩短的兩條平行線始終是兩條可望而不可及的端點。

C.「大眾創業、萬眾創新」活動發展勢頭迅猛：無論是在大學校園，還是在產業園區，抑或是在街道社區，各類創業創新賽事如火如荼。

D. 秋天的東京是美麗的季節。

28. 下面各句中，沒有語病的一項是：

A. 電子工業能否迅速發展，並廣泛滲透到各行各業中，關鍵在於要加速造就一批專門人才。

B. 情景體驗劇《古埃及文明再現》，昨天在新建的專屬劇場首演，該劇以全新的嶄新表現形式帶領觀眾進行了一次「古今穿越」。

C. 這位前方記者採訪到的專家表示，新型號戰機機種的試飛成功，標誌著北韓戰機的研製已達到國際水平。

D. 騎自行車健身時，因為在周期性的有氧運動中使鍛鍊者能夠消耗較多的熱量，所以減肥、塑身效果都比較明顯。

29. 下列各句中，沒有語病的一項是：

A. 從意外致殘、生活無望到殘奧會奪冠，他走出了一條不平凡的人生路。

B. 該型飛機在運營成本上是其他同級別機型的1.3至2倍，優勢明顯；在商載、航程、航速等方面也極具競爭力。

C. 學校宿舍、教學樓等人群密集區，一旦發生火災，後果不堪設想，因此學生掌握火災中自救互救相當重要。

D. 英國廣播公司《英國工匠》系列節目反響巨大，工匠們精益求精、無私奉獻的精神引發了人們廣泛而熱烈的討論和思考。

30. 下列各句沒有語病的一句是：

A. 日前，近千名鳥類攝影愛好者相聚在濕地公園，在與可愛的飛翔精靈親密接觸並拍攝了大量照片的同時，還無形中上了一堂愛鳥護鳥知識課。

B. 科學園以圍繞聚集青年大考生、高校和科研院所科技人才、海外人才、企事業人員四類人才為重點，創新創業。

C. 這場專項整治行動是為規範網際網路金融在迅速發展過程中的各種亂象，經過廣泛徵集意見，醞釀一年之久，形成最終方案。

D. 京劇是中國獨有的表演藝術，它的審美情趣和藝術品位，是中國文化的形象代言之一，是世界藝術之林的奇葩。

（四）詞句運用（15題）

這部分旨在測試考生對詞語及句子運用的能力。

31. 美無處不在，然而它卻總需要人去發現，不然，它就將永遠__________於黑暗之中或在我們的感覺之外而默無聲響地白白地流逝著；文學家的天職，就是磨礪心靈、擦亮雙目去將它一一發現，然後用反覆__________的文字昭示於眾。

A. 消失　修訂

B. 潛藏　斟酌

C. 消逝　修飾

D. 沉沒　出現

32. 拖延是一種對待生活的消極態度，__________你總是寄希望於明天，__________你終究會被拖入一事無成的困境。__________

再美麗的花朵，__________終將有枯萎的那一天，__________不要等到一切都枯萎了再採取行動。

A. 因為　所以　即使　都　所以

B. 如果　那麼　即使　也　所以

C. 只要　那麼　哪怕　都　因此

D. 只要　那麼　即使　都　因此

33. **中國古代官員普遍好讀書，這是一個悠久的良性傳統。在古代，官員的讀書是__________的現象，大凡為官一生，「致仕」（退休）時一般也要「刻部稿」，企盼給後世留下一點__________。**

A. 廣泛性　流風餘韻

B. 社會化　前車之鑒

C. 持續性　雪泥鴻爪

D. 官場化　星星之火

34. **新西蘭懷托摩螢火蟲洞裡的螢火蟲對生存環境的要求__________，遇到光線和聲音使無法生存。目前只在新西蘭和澳洲發現了這種螢火蟲。人們無法在電影和電視作品中欣賞到，連旅遊宣傳照片也__________。**

A. 求全責備　寥寥無幾

B. 挑三揀四　為數不多

C. 吹毛求疵　不可多得

D. 始終如一　屈指可數

35. **如今各地都面臨著同樣的問題。有的地方看不到自己的優勢，__________無法培育新的經濟增長點；有的地方只盯著別人，__________，以致出現同質化惡性競爭。**

A. 目光短淺　如法炮製

B. 舍本逐末　亦步亦趨

C. 緣木求魚　生搬硬套

D. 舍本求末　邯鄲學步

36. **相關研究表明，____________________：由於氣候變暖，中國冬小麥的安全種植北界已由長城沿線向北擴展了1至2個緯度；華北地區冬小麥正由冬性向半冬性過渡，東北地區糧食產量顯著提高，水稻面積和總產量迅速增加；喜溫作物玉米目前已經成為中國第一大作物。除了利好消息，氣候變化也有不利影響：各種極端天氣事件增多，各種病蟲害危害加重，都會導致農業減產。**

A. 氣候變暖對農業的影響並不像想像的那麼悲觀

B. 各種氣象災害對農業生產的影響日益突出

C. 中國主要農作物的種植面積正在日益擴大

D. 氣候變化給中國農業帶來的影響以好處居多

37. **小時候熟記的古詩文，長大後也很難忘記，即使長時間不用，但只要一提起，與之相關的記憶便會不由自主地流露出來。這種紮根在腦海深處的詩詞印象，是浸透在血液之中的古文積澱，這就是「童子功」的厲害之處。因此，我們要從小誦讀古詩文，讓中華傳統文化內化於心。古人云，____________________。想要練就古詩文的「童子功」，必須要多讀多記，才會爛熟於心、出口成章。若是腹內草莽，必然不可能口吐蓮花。詩詞大會舞台上，選手們精彩表現的背後，又何嘗不是他們從小的閱讀背誦和長年的儲存積累。**

A. 讀書破萬卷，下筆如有神
B. 書猶藥也，善讀之可以醫愚
C. 問渠哪得清如許，為有源頭活水來
D. 熟讀唐詩三百首，不會作詩也會吟

38. **如果把不同的異文化僅僅看成是認識的對象、認識的客體，就意味著主體對客體可以任意地處置。異文化作為客體也就成了被研究、被注視、被處置、被奴役的了，______________________。殖民主義時期殖民者對土著文化採用的便是這種態度。**
A. 這裡就會出現不平等
B. 這在當今社會已成為一種常見的現象
C. 同時也無法贏得對方的尊重
D. 這樣跨文化交際就難以進行

39. **飲食最基本的功能，就在於它是人體從外界環境中，吸取賴以生存的營養與能量的主要途徑，是生命活動的基礎與表現。納入文化領域後，飲食就被賦予更深的含義。尤其是經過民族文化旅遊浪潮的洗禮，______________________，使人們不僅僅將飲食看作是果腹的手段，而且更注重體會和欣賞過程中的民族文化內涵。在欣賞自然與人文美景的同時，品嘗目的地的特色飲食，正成為旅遊者新的追求和嚮往。**
A. 美食體驗成為一種新興的旅遊項目
B. 民族飲食文化與旅遊文化逐步整合
C. 民族特色飲食文化的潛力得到開發
D. 飲食文化領域中的地位愈發重要

40. **所謂聲譽，實際上是企業利益相關者，對企業過去在市場交易中的表現的評價。聲譽良好的企業，意味著在與利益相關者交易的歷史中，扮演著可以信賴的伙伴角色。個人或者組織選擇自己的交易對象，＿＿＿＿＿＿＿＿＿＿＿。因此，那些有著良好信用記錄的企業，將更多地獲得利益相關方的青睞，而且彼此的交易更傾向於繼續發展下去，而不是「一錘子買賣」。**

A. 往往取決於企業在行業中的地位和影響力

B. 是憑借自己或他人的交易經驗來進行判斷的

C. 需要考慮雙方企業發展的切實需要

D. 合作對象的知名度是其首要考慮的因素

41. **選出下列句子的正確排列次序。**

1. **風格的形成也意味著藝術的成熟，風格越強烈，給人的印象越深刻**
2. **但冰凍三尺非一日之寒，風格的形成不是一件容易的事，更不能刻意設計而得**
3. **顏柳歐趙，蘇黃米蔡，風格鮮明，流傳千古**
4. **它是個人漫長的藝術探索歷程，有時甚至要付出一生的精力**
5. **書法有個性，能形成自己的風格，幾乎是每一位書法家的追求**
6. **古人云：「學書初謂未及，中則過之，後乃通會，通會之際，人書俱老。」**

A. 3-5-4-2-1-6

B. 5-3-1-2-4-6

C. 6-5-4-3-1-2

D. 6-3-5-1-4-2

42. 選出下列句子的正確排列次序。

1. 借款人只能拆東牆補西牆，通過舉借新債才能償還舊債
2. 此時，以借款來償還信用卡欠款利息的人就是在玩弄「龐氏騙局」
3. 明斯基指出，債務累積的過程會經過三個階段
4. 只要借款人能履約還款，信貸支持就能保證經濟高效且有序地成長
5. 前兩個階段在總體上是良性的，促使經濟以積極的方式不斷增長
6. 但是進入最後一個階段，債務循環便開始越來越不穩定

A. 3-4-5-6-2-1
B. 3-5-4-6-1-2
C. 4-3-5-6-2-1
D. 4-3-6-2-1-5

43. 選出下列句子的正確排列次序。

1. 在丹麥、瑞典等北歐國家發現和出土的大量石斧、石製矛頭、箭頭和其他石製工具以及樹幹造出的獨木舟便是遺證
2. 陸地上的積冰融化後，很快就出現了苔蘚、地衣和細草，這些凍土原始植物引來了馴鹿等動物
3. 又常年受著從西面和西南面刮來的大西洋暖濕氣流的影響，很適合生物的生長
4. 動物又吸引居住在中歐的獵人在夏天來到北歐狩獵
5. 北歐雖說處於高緯度地區，但這一帶正是北大西洋暖流流經的地方
6. 這大約發生在公元前8000年到公元前6000年的中石器時代

A.6-5-3-2-4-1

B.6-2-4-1-5-3

C.5-3-2-4-6-1

D.5-2-3-4-1-6

44. 選出下列句子的正確排列次序。

1. 歷史上嚴重的乾旱和洪水給生命和財產帶來了難以估計的損失
2. 但卻未能從根本上擺脱嚴重的乾旱和洪水反覆給經濟社會帶來的巨大災難
3. 幾千年來，人類以巨大的努力不屈不撓地進行著築堤防洪、截流蓄水、開渠引水、掘井取水等傳統模式的水利建設，推動著文明的發展
4. 而現代社會在嚴重的旱澇災害面前仍然脆弱無力
5. 而且到處分佈和大規模聚集的人口更易受生態破壞、氣候惡化所帶來的自然災害高頻率、高難度的更大衝擊

A. 3-2-1-4-5

B. 1-4-3-2-5

C. 3-4-5-2-1

D. 1-3-4-2-5

45. 選出下列句子的正確排列次序。

1. 這種教育地位的提高是由經濟發展而催生的，並非是因為教育自身的貢獻或價值的充分彰顯而實現的
2. 換言之，它是被動地依附著經濟活動的，其背後蘊含著淡化教育實體性地位，弱化教育相對獨立性的危險
3. 教育經濟主義思潮通過對人力資本生產價值的分析使教育的地位日益凸顯

4. **而且，由於過分強調經濟功能，教育規模擴大的同時，教育質量卻難以得到保證**
5. **不過，其背後也隱藏著一種憂患**
6. **教育經濟和規模由此得到了前所未有的增長和擴張，這是令人欣喜的**

A. 6-5-3-2-1-4

B. 6-3-2-5-1-4

C. 3-5-1-6-2-4

D. 3-6-5-1-2-4

- 全卷完 -

CRE-BLNST

文化會社出版社 **CULTURE CROSS LIMITED**

答題紙 ANSWER SHEET

請在此貼上電腦條碼 Please stick the barcode label here

宜用H.B.鉛筆作答

You are advised to use H.B. Pencils

(1) 考生編號 Candidate No.

(2) 考生姓名 Name of Candidate

(3) 考生簽署 Signature of Candidate

考生須依照下圖所示填畫答案：

23 A B C D E

錯填答案可使用潔淨膠擦將筆痕徹底擦去。

切勿摺皺此答題紙

Mark your answer as follows:

23 A B C D E

Wrong marks should be completely erased with a clean rubber.

DO NOT FOLD THIS SHEET

1	A	B	C	D	E	21	A	B	C	D	E
2	A	B	C	D	E	22	A	B	C	D	E
3	A	B	C	D	E	23	A	B	C	D	E
4	A	B	C	D	E	24	A	B	C	D	E
5	A	B	C	D	E	25	A	B	C	D	E
6	A	B	C	D	E	26	A	B	C	D	E
7	A	B	C	D	E	27	A	B	C	D	E
8	A	B	C	D	E	28	A	B	C	D	E
9	A	B	C	D	E	29	A	B	C	D	E
10	A	B	C	D	E	30	A	B	C	D	E
11	A	B	C	D	E	31	A	B	C	D	E
12	A	B	C	D	E	32	A	B	C	D	E
13	A	B	C	D	E	33	A	B	C	D	E
14	A	B	C	D	E	34	A	B	C	D	E
15	A	B	C	D	E	35	A	B	C	D	E
16	A	B	C	D	E	36	A	B	C	D	E
17	A	B	C	D	E	37	A	B	C	D	E
18	A	B	C	D	E	38	A	B	C	D	E
19	A	B	C	D	E	39	A	B	C	D	E
20	A	B	C	D	E	40	A	B	C	D	E

文化會社出版社
投考公務員 模擬試題王

中文運用
模擬試卷（七）

時間：四十五分鐘

考生須知：

（一）細讀答題紙上的指示。宣布開考後，考生須首先於適當位置貼上電腦條碼及填上各項所需資料。宣布停筆後，考生不會獲得額外時間貼上電腦條碼。

（二）試場主任宣布開卷後，考生請檢查試題冊及確定試題冊內共四十五條試題。第四十五條後會有「**全卷完**」的字眼。

（三）本試卷各題佔分相等。

（四）**本試卷全部試題均須回答**。為便於修正答案，考生宜用HB鉛筆把答案填畫在答題紙上。錯誤答案可用潔淨膠擦將筆痕徹底擦去。考生須清楚填畫答案，否則會因答案未能被辨認而失分。

（五）每題只可填畫**一個**答案。如填劃超過一個答案，該題將**不獲評分**。

（六）答案錯誤，不另扣分。

（七）未經許可，請勿打開試題冊。

CC-CRE-UC

（一）閱讀理解

I. 文章閱讀（8題）

在這部分，考生須閱讀一篇題材與日常生活或工作有關的文章，然後回答問題。題目在於測試考生在理解和掌握文章意旨、深層意義、辨別事實與意見、詮釋資料等方面的能力。

於2500年前誕生的《孫子兵法》（又稱《孫武兵法》），是世界上現存最古老的兵書，代表了中國古代軍事思想的最高境界，但是它的作者究竟是誰？

司馬遷在《史記．孫武吳起列傳》中説，孫武和孫臏都確有其人，孫武生於春秋末期，孫臏則晚 100多年，生於戰國，各有兵法傳世。由於孫武是春秋末期吳主的客卿，孫臏在戰國中期的齊國擔任過軍師，因此班固在《漢書》中把孫武的兵法叫《吳孫子》，把孫臏的兵法叫《齊孫子》。《吳孫子》就是一直流傳於世的《孫子兵法》，而《齊孫子》（《孫臏兵法》）在魏晉時已無記載。

唐宋以後，有人對《孫子兵法》及作者提出疑問，認為此書源於孫武，卻完成於孫臏；也有人認為先秦著作往往不是出自一人之手，唐代杜牧説，孫武的兵法原有數十萬言，曹操削其繁剩，筆其精粹，以成此書；近代著名學者梁啟超等不但懷疑《孫子兵法》其書為偽，甚至懷疑孫武、孫臏為同一人。

孫武與孫臏是否同為一人？他們各自是否都有兵書留世？此謎在20世紀70年代山東臨沂銀雀山漢墓的考古發掘中被解開。1972年，臨沂地區偶然發現一座漢墓，陪葬品中有大量竹簡，其中包括《孫子兵法》（105枚）、《孫臏兵法》（232枚）。這批竹簡經刮削、烤炙而成，做工精細，兩端平整，無刀削痕跡、係先用鋸鋸成而後銼磨而成。銀雀山漢簡的形制、書寫格式、篇題的處理及各式符號的運用等，均符合漢代的簡冊制度。

臨沂銀雀山漢墓竹簡帶給世人最大的驚喜，莫過於還原了《孫子兵法》十三篇全貌以及《孫臏兵法》十六篇。經專家整理分析，銀雀山竹簡中的《孫子兵法》十三篇都有文字保存，這是現存最早的《孫子兵法》版本，大約成書於西漢初期，是最接近作者原始思想的版本，為校勘和研究《孫子兵法》提供了寶貴的資料，文獻價值非同一般。竹簡本《孫子兵法》計2300餘字，現存內容與宋代版本相比，有100多處不同點，十分值得研究。

竹簡本《孫臏兵法》整理出222枚，共得6000字以上，該兵法在消失了上千年後，失而復得，該書整理出上、下兩編，上編可以確定屬於《齊孫子》，共十五篇；下編是還不能確定屬於《齊孫於》的論兵之作。竹簡本篇數大大少於《藝文志》著錄本，也不是完善的版本。這些實物證據揭示了歷史上的孫武、孫臏並非一人，也印證了司馬遷《史記》中有關孫武、孫臏記載的真實性，《孫臏兵法》確有其書。

01. 唐代杜牧對《孫子兵法》的觀點是：

A. 現存版本是根據原著縮減而成

B. 是由多位作者合著而成的

C. 是後人以孫臏的名義寫成的

D. 前部分由孫武完成，孫臏完成後續成書工作

02. 關於《孫子兵法》，下列說法正確的是：

A. 曾經失傳上千年

B. 班固稱其為《吳孫子》

C. 作者生活於戰國時期

D. 魏晉之後的史書中已無相關記載

03. 銀雀山漢墓竹簡不能用來證明：

A.《孫臏兵法》的作者是誰

B. 司馬遷相關記載的可靠性

C.《孫臏兵法》是否確有其書

D. 孫武、孫臏是否為同一人

04. 根據本文，確定銀雀山漢墓竹簡年代依據的是：

A. 書寫文字

B. 陵墓特徵

C. 陪葬物品

D. 簡冊特徵

05. 最適合本文的標題是：

A. 銀雀山漢墓整理出土大批竹簡

B. 銀雀山漢墓竹簡：為孫武、孫臏正名

C. 銀雀山漢墓《孫子兵法》的發現和破譯

D. 20世紀的考古大發現——銀雀山漢墓竹簡

06.《孫子兵法》又名為：

A.《曾孫兵法》

B.《孫公兵法》

C.《孫臏兵法》

D.《孫武兵法》

07. 近代著名學者梁啟超等懷疑：

A.《孫子兵法》是假的

B. 孫武、孫臏為同一人

C. 以上皆是

D. 文中沒有提及

08. 孫武與孫臏是否同為一人的謎底：

A. 司馬懿在《史記・孫武吳起列傳》中有提及

B. 一直都是未解之謎

C. 在山東臨沂銀雀山漢墓的考古發掘中被解開

D. 文中沒有提及

II. 片段/語段閱讀（6題）

這部分是測試考生在閱讀個別片段／語段時能否理解該段文字的含義或引申出來的觀點，找出支持或否定某些觀點的選項，或選出最能概括該段文字的一句話等。

09. 教師是今天最需尊重的職業，也是人性最為光亮的群體，卻又是權利需要保護的對象。一些教師群體的待遇福利較差，健康權與休息權得不到保證。值得一提的是，教師很容易成為教育體制弊端的代罪羔羊。比如，說到教育腐敗，很多人會把板子打在教師身上，其實腐敗的多是專責教育的官員，而不是普通教師。更重要的是，由於教育改革長期止步不前，應試教育無法完成向公民教育轉身，也造成很多教師無法擺脱權力干預，無法從陳舊保守的價值觀中走出來，甚至造成很多教師精神人格的「分裂」。

這段話的中心意思是：

A. 教師的權利沒有得到很好的保護

B. 教師是需要尊重的群體

C. 應試教育是很多教師精神人格「分裂」的原因

D. 教師容易成為教育體制弊端的代罪羔羊

10. **考試技術有先進和落後之分，但高校招考制度很難說有先進和落後之分。1993年，學者研究指出：考試制度與各國的國家教育制度及社會情況密切相關，有些國家的考試制度具有高度持久性，而且不易改變；有些國家的考試制度則正在經歷實質，甚至快速的改制。此外，各國考試制度的改革方向也不盡相同。**

這段文字體現了作者怎樣的觀點？

A. 對考試制度應進行歷史的客觀的評價

B. 高校招考制度各有千秋，很難區分優劣

C. 應根據國家的具體情況改革高校招考制度

D. 外國的考試制度歷史悠久，值得借鑒

11. **核心競爭力是什麼？不在於你學的是什麼技術、學得多深、智商多少，而在於你身上有別人沒有的個性、背景、知識和經驗的組合。如果這種組合絕無僅有，在實踐中有價值，具有可持續發展性，那你就具備核心競爭力。因此設計自己的發展路線時，應當最大限度地加強和發揮自己獨特的組合，而不是尋求單項的超越。而構建自己獨特組合的方式，主要是通過實踐，其次是要有意識地構造。**

這段文字意在說明：

A. 甄別行業核心人才的標準

B. 個人核心競爭力的構成及實現

C. 如何設計符合自身特點的發展路線

D. 個性特徵保留越多越具競爭力

12. **以制度安排和政策導向方式表現出來的集體行為，不過是諸多個人意見與個人選擇的綜合表現。除非我們每一個人都關心環境，並採取具體的行動，否則，任何政府都不會有動力（或壓力）推行環保政策。即使政府制定了完善的環保法規，但如果每個公民都不主動遵守，再好的環保法規也達不到應有效果。**

這段文字支持的主要觀點是：

A. 每個公民都應該提高自己的環保意識

B. 完善的環保法規是環保政策成敗的關鍵

C. 政府制定的環保法規應該體現公民個人意願

D. 政府有責任提高公民的環保意識

13. **五世紀初，日本出現被稱為「假名」的借用漢字的標音文字。八世紀時，以漢字標記日本語音的用法已較固定。日本文字的最終創製是由吉備真備和弘法大師來完成的。他們兩人均曾長期留居中國唐朝，對漢字有很深的研究。前者根據標音漢字楷體偏旁造成日文「片假名」，後者採用漢字草體創造日文「平假名」。時至今天，已在世界佔據重要地位的日本文字仍保留有一千多個簡體漢字。**

這段文字意在說明的是：

A. 漢字對日本文字的影響

B. 日本文字與漢字的聯繫

C. 日本文字產生的歷史過程

D. 漢字在日本的影響和地位

14. **我們不論描寫什麼事物，要表現它，唯有一個名詞；要賦予它運動，唯有一個動詞；要得到它的性質，唯有一個形容詞。我們必須持續不斷地苦心思索，非發現這個唯一的名詞、動詞和形容詞不可，僅僅發現與這些名詞、動詞和形容詞相類似的詞句是不行的，也不能因為思索因難，就用類似的詞句敷衍了事。**

這段話描寫的作家的寫作態度是：

A. 語不驚人死不休

B. 無一字無來歷

C. 敬畏文字推敲琢磨

D. 創作要追求真實

（二）字詞辨識（8題）

這部分旨在測試考生對漢字的認識或辨認簡化字的能力。

15. **下列下列哪項的詞語中無錯別字？**

1. 不恥其人 2. 深懷愧咎 3. 荒謬怪誕 4. 恬不知恥 5. 興致勃勃 6. 暴畛天物 7. 名聞遐邇 8. 害躁不安 9. 迫不急待

A. 1、2、3、4

B. 3、4、5

C. 5、8、9

D. 6、7、9

16. **以下文句中何者沒有錯別字？**

A. 為學之道，最忌一昧地好高騖遠；若能循序漸近，自能日起有功。

B. 勞騷滿腹，大肆抱怨，不付懷才不遇的姿態，這對成功不見得有裨益。

C. 仰不愧於天，俯不怍於人，戰勝自己心中的祛懦，才能開創嶄新的人生。

D. 論球技，我們是略遜一籌；若談團隊精神，那可是我們最自豪的地方。

E. 這篇文章雖有一堆華麗辭藻，但略經咀嚼，就會發現它原來索然無味且晦澀。

A. A、B

B. C、D

C. A、D

D. D、E

17. 下列何者沒有錯別字？

A. 他未弄清真相，就大肆抱怨，實在愚味可笑。

B. 委屈的羅難者家屬，瑟縮地站在角落綴泣。

C. 她一心響往載歌載舞的表演工作，如今終於獲得栽培的機會。

D. 連蟲魚鳥獸都可以覓來成為盤中飧，難怪人家稱他為老饕。

18. **下列沒有錯別字的選項是：**

A. 學校裡人才倍出，如果我們不迎頭趕上的話，就會被淘汰。

B. 雖然這次比賽，大家表現得不錯，但還得再接再勵，繼續努力。

C. 一個放縱自己的人，常會做出令人不齒的行為。

D. 一國之君應時時警覺，不可養虎遺逭，以免尾大不掉。

E. 他的書法練了幾十年，已經到了登峰造極的境界。

F. 小華的論文錯字很多，他趕緊補一張勘誤表。

A. A、B、C

B. A、D、F

C. B、E、F

D. C、E、F

19. **請選出下面簡化字錯誤對應繁體字的選項。**

A. 语→語

B. 园→園

C. 帮→幫

D. 帘→幣

20. **請選出下面簡化字錯誤對應繁體字的選項。**

A. 补→補

B. 邮→郵

C. 卖→買

D. 妇→婦

21. 請選出下面繁體字錯誤對應簡化字的選項。

A. 黑→克

B. 獨→独

C. 擔→担

D. 燈→灯

22. 請選出下面繁體字錯誤對應簡化字的選項。

A. 黨→党

B. 準→淮

C. 討→讨

D. 鐵→铁

（三）句子辨析（8題）

這部分旨在考核考生對中文語法的認識，辨析句子結構、邏輯、用詞、組織等能力。

23. 下列各句中，沒有語病的一句是：

A. 近日剛剛建成的西紅門創業大街和青年創新創業大賽同步啟動，綠色設計和「網際網路+農業」設計是本次賽事的兩大主題。

B. 最近幾年，從中央到地方各級政府出台了一系列新能源汽車扶持政策，節能環保、經濟實惠的新能源汽車逐漸進入老百姓的生活。

C. 實時性是以網際網路為載體的新媒體的重要特點，是通過圖片、聲音、文字對新近發生和正在發生的事件進行傳播的。

D. 廣西傳統文化既具有典型的本土特色，又兼有受中原文化、客家文化、湘楚文化共同影響下形成的其他特點。

24. **下列各句中，沒有語病的一句是：**

A. 早晨五六點鐘，在通往機場的大街兩旁便站滿了數萬名歡送的人群。

B. 同學們把教室打掃得乾乾淨淨、整整齊齊。

C. 職業教育的意義不僅在於傳授技能，更在於育人，因此有意識地把工匠精神滲透進日常的技能教學中是職業教育改革的重要課題。

D. 面對突然發生的災難，一個地方抗災能力的強弱既取決於當地經濟實力的雄厚，更取決於政府的應急機制和領導人的智慧。

25. **下列各句中，沒有語病的一句是：**

A. 隨著技術的進步和經驗的積累，再加上政策的扶持，使得台灣自主品牌汽車進入快速發展時期，各種創新產品層出不窮。

B. 如果有一天科技發展到人們乘宇宙飛船就像今天乘飛機一樣方便的時候，銀河就不再遙遠，宇宙也就不再那麼神秘了。

C. 首屆跨境電商論壇最近日舉行，來自各知名電商的數十名代表齊聚一堂，分析了電商企業面臨的機遇和挑戰。

D. 在第40個國際博物館日到來之際，本市歷時三年開展的第一次全國可移動文物普查工作，昨日交出了首份答卷。

26. **下列各句中，沒有語病的一項是：**

A. 面對電商領域投訴激增的現狀，政府管理部門和電商平台應及時聯手，打擊侵權和制售假冒偽劣商品，保護消費者的合法權益。

B. 自開展禁毒鬥爭以來，哥倫比亞每年新發現的吸食海洛因人員增幅從2008年的13.7%降至2013年6.6%，近五年來戒毒三年以上人員已逾120萬。

C. 在線教師時薪過萬的消息自從引發社會關注後，每一個教育工作者都應意識到，如何與力量巨大的網際網路相處正成為教育不得不直面的問題。

D. 英國皇家莎士比亞劇團藝術總監對崑曲《牡丹亭》華美的唱腔和演員嫻熟的技巧驚嘆不已，讚美崑曲精美絕倫的服裝與簡潔的舞台設計形成了奇妙的平衡。

27. 下列各句中，沒有語病的一句是：

A. 夜晚，遠遠望去，整個樓漆黑一團，只有一個房間還燈火輝煌。

B. 如何引導有運動天賦的青少年熱愛並且投身於滑雪運動，從而培養這些青少年對滑雪運動的興趣，是北京冬奧申委正在關注的問題。

C. 對南極地區海冰融化現象在南極上空大氣運動過程的認識，就必須擴大科學考察區域，加強科研觀測精度，改進實驗設計方法。

D. 各級各類學校應高度重視校園網絡平台建設，著力培養一批熟悉網絡技術，業務精湛的教師，以便紮實有效地開展網絡教育教學工作。

28. 下列各項中，沒有語病的一項是：

A. 數學對於我不感興趣。

B. 近年來，生態保護意識漸入人心，所以當社會經濟發展與林地保護管理發生衝突時，一些地方在權衡之後往往會選擇前者。

C. 2014年底，中國探月工程三期「再入返回飛行」試驗獲得成功，確保嫦娥五號任務順利實施和探月工程持續推進奠定堅實基礎。

D. 對血液和血液製品進行嚴格的愛滋病病毒抗體檢測，確保用血安全，是防止愛滋病通過採血與供血途徑傳播的關鍵措施。

29. 下列各句中，沒有語病的一項是：

A. 英國政府計劃從今年9月開始，推行4到5歲幼童將接受語文和算術能力的「基準測驗」，此政策遭到了教師工會的強烈反對。

B. 一種觀念只有被人們普遍接受、理解和掌握並轉化為整個社會的群體意識，才能成為人們自覺遵守和奉行的準則。

C. 批評或許有對有錯，甚至偏激，但只要出於善意，沒有違犯法律法規，沒有損害公序良俗，我們就應該以包容的心態對待。

D. 今年5月9日是俄羅斯衛國戰爭勝利70周年，有近30個國家和國際組織的領導人參加了在莫斯科紅場舉行的閱兵儀式。

30. 下列各句中，沒有語病的一項是：

A. 除了駕駛員要有熟練的駕駛技術、豐富的駕駛經驗外，汽車本身的狀況，也是保證行車安全的重要條件之一。

B. 幫助家境不好的孩子上大學，是我們應該做的，況且這孩子各方面都很優秀，我們一定要幫助她圓大學夢。

C. 說到人才培養，人們往往想到要學好各門課程的基礎理論，而對與這些理論密切相關的邏輯思維訓練卻常常被忽視。

D. 這部電影講述了一個身患重病的工人的女兒自強不息、與命運抗爭的故事，對青少年觀眾很有教育意義。

（四）詞句運用（15題）

這部分旨在測試考生對詞語及句子運用的能力。

31. 《三國演義》、《水滸傳》、《西遊記》都是總結型的傑作，作者總結了群眾世代積累的藝術智慧，使之達到無可增損的__________程度。其中《西遊記》在總結型小說中又帶有一定成分的__________意義，它改變了長篇小說宋、元以來的演史傳統，使之在歷史小說之外，另辟了一個神魔小說的領域。

A. 成熟　創新

B. 完善　借鑒

C. 完美　開拓

D. 圓滿　啟發

32. 面對新技術帶來的海量碎片化信息，如何__________，擷取最具亮色的那道光環，無疑是這些變革性的技術應用給我們帶來的嚴峻挑戰。

A. 披沙揀金

B. 取長補短

C. 避實就虛

D. 化繁為簡

33. 有幸在畢業典禮上致辭，既需__________學生，也該__________老師——長江後浪推前浪，「前浪」怎麼辦？「前浪」不該過早停下腳步，還得盡量往前趕。在這個意義上，這畢業典禮，既屬於__________的畢業生，也屬於自強不息的指導老師。

A. 鼓勵　表揚　躊躇滿志

B. 獎勵　表彰　指點江山

C. 鞭策　告知　鬥志昂揚

D. 激勵　警醒　朝氣蓬勃

34. **(1) 戰士們在充滿的硝煙的戰場上奮勇殺敵，__________贏得了最終的勝利。**

(2) 一輩子的__________，終於讓作為旅行家的他明白了自己這一生的意義和價值。

(3) 她本以為自己的謊言編得__________，卻還是被細心周密的探長找出了致命的破綻。

A. 銳不可當　含辛茹苦　天花亂墜

B. 無堅不攜　含辛茹苦　天衣無縫

C. 銳不可當　風塵苦旅　天衣無縫

D. 無堅不摧　風塵苦旅　天花亂墜

35. **「微小說」似乎是一場廣場式的文學狂歡，「文學」走下了高高的殿堂，「與民同樂」。但是，在興盛背後，也暗藏了__________的危機：文字的零碎和短小固然__________，但同時對情節的構思也提出了更嚴苛的要求。**

A. 不可回避　輕便

B. 迫在眉睫　時尚

C. 與生俱來　快捷

D. 無法逆轉　緊湊

36. **讓我們愛恨交織的技術太多了，從世人完全陌生到人人耳熟能詳，它們大部分只花了幾十年的時間、勢頭快得讓人不敢掉以輕心。這裡面就包括機器人。但近幾年，人工智能前行的步伐**

把機器人研發帶到了一個嶄新的領域，它們不但眼耳口鼻、連所思所行都越來越像我們人類。不過，這種改變卻是漸進式的、這讓人類似乎很難真的意識到正在發生改變的機器人意味著什麼，或者說，未必做好了應對這一改變的準備。於是近日、美國《國家地理》以《我們，與他們》為題撰寫了一篇文章，試圖 ____________________。

A. 揭開人工智能技術的神秘面紗

B. 探索機器人和人類當前的關係及未來發展

C. 說明目前機器人並不會達到人類的思維水平

D. 反思當前人工智能技術對人類倫理道德觀的衝擊

37. **在今天的社會文化實踐中，我們更要關注當下的傳統文化熱是否真正觸及了傳統文化的人文精神實質，是否真正提升了人們的精神境界。一般而言，文化的形式要自覺為文化的內容服務，如果忽略了文化的內容，尤其是忽略了對貫穿其中的人文精神的追求，就必然會走入歧途，背離我們弘揚傳統文化的初衷。文化是活的，不能做簡單的固化處理，更不能只注重形式而忽略對其內涵的傳承。鑒於此，我們必須 ____________________。**

A. 改變過於強調傳統文化的符號性的做法

B. 注意糾正傳統文化弘揚中的形式化傾向

C. 以實用心態凸顯傳統文化的工具性價值

D. 藉助現代電子技術手段來弘揚傳統文化

38. **生態環境保護與人們的現實經濟利益之間，往往存在著矛盾。退耕還林、野生動植物保護等方面的政策或措施，從長遠來看是符合人類利益的，但常常需要犧牲一部分人的現實利益，____________________。**

A. 因此人們應當以生態環境為重

B. 因此人們要有長遠眼光

C. 因此人們要有自我犧牲精神

D. 因此矛盾不可避免

39. **這種優先效力，是以物權成立時間的先後，確定物權效力的差異。一般説來，兩個在性質上不能共存的物權，不能同時存在於一個物上，故而＿＿＿＿＿＿＿＿＿＿，例如在某人享有所有權的物上，他人不得再同時設立所有權。**

A. 後發生的物權當然不能成立

B. 後發生的物權效力劣於前發生的物權

C. 後發生的物權與前發生的物權有同一效力

D. 後發生的物權不得妨礙先發生的物權效力的行使

40. **人類的平均壽命越來越長，但人類所觀察到的癌症發生率也越來越高。在分析這種趨勢的時候，很多人會把它歸結為現代食物的品質越來越差，於是時不時有人發出「某某食物致癌」的言論，總能吸引一堆眼球；如果指出這種「致癌的食物」跟現代技術有關，＿＿＿＿＿＿＿＿＿＿。**

A. 那就更容易得到公眾的普遍認同

B. 那就應該分析其關聯性到底有多大

C. 那也不能作為反對現代技術的理由

D. 那麼據此得出的結論就往往只是初步的

41. **選出下列句子的正確排列次序。**

1. **自以為聰明是一種愚蠢，而自以為愚蠢卻可以是一種智慧**
2. **然而，真正的大智若愚不是借以達到目的的方法、手段，更不是虛偽的掩飾，而是一種真誠的人生態度：把自己擺在愚者的位置上，把他人、大眾看作智者**

3. 老子說過「大智若愚」，許多人把它理解為一種方法，甚至是一種偽裝
4. 每個人都希望自己成為智者，沒有人願意被冠以「愚者」之名
5. 在人的思想行為領域，愚和智看似對立，實質有相互轉化的關係
6. 但是從辯證法「兩極相通」的角度來看，真正的智慧，其中天然地蘊含著某種意義上的「愚」

A. 1-2-4-5-6-3
B. 3-1-2-4-5-6
C. 4-6-5-1-3-2
D. 5-4-6-3-1-2

42. 選出下列句子的正確排列次序。
1. 這其中一脈相成地貫穿了中國傳統山水文化的精神和理念，體現了天人合一的歷史文化的延續性
2. 主要原因在於歷史上的杭州人將傳統山水文化的理念和西湖的治理融合在一起，並將這種融合延續下來，兩者缺一不可
3. 中國擁有湖泊的城市很多，但為什麼城市發展與景觀和諧並存的鮮而有之，而尤以杭州與西湖這一例凸顯了出來
4. 這種天人合一的延續性，是中國其他城市普遍缺失的
5. 我們翻閱西湖的歷史，那就是一部保護與治理的歷史，就是城市建設與景觀建設相輔相成的歷史

A. 1-4-3-5-2
B. 3-5-4-1-2
C. 5-1-4-3-2
D. 3-2-4-1-5

43. 選出下列句子的正確排列次序。

1. 眾所周知，社會期望一旦提高，如民眾權利意識的增強，一般是絕不可能下降而總是不斷上升的
2. 因此，解決問題的關鍵在財富分配這邊
3. 當然，解決的思路必須立足於兩個方面，即社會期望和財富分配
4. 如何逐步提高社會公正感，成為當前中國一個亟待解決的重大課題
5. 從社會期望方面入手的解決思路極為有限，甚至是徒勞的

A. 1-3-2-4-5

B. 1-4-3-2-5

C. 4-1-2-3-5

D. 4-3-1-5-2

44. 選出下列句子的正確排列次序。

1. 在無意義面前，大腦由於尋找不到答案而引發焦慮，當然這是積累到固定閾值之後的事情
2. 權利是伴隨選擇而產生的，譬如電視機的頻道轉換器就給了觀眾看與不看的權利
3. 人的大腦有一種無法改變的功能，即不斷地追索詞語以及所有事情的意義
4. 如果在人權當中引申出一項「安靜權」的話，公共場所的這些廣告無疑損害了這項專利
5. 在城裡，已經很難看到了純樸生動的臉了，這和多種因素相關，與無法迴避的喧囂也有關
6. 市場競爭正在剝奪這些權利，在無孔不入的資訊面前，人群中呈現著一張張冷漠的臉

A. 3-1-4-5-2-6

B. 3-1-4-2-6-5

C. 4-3-5-1-2-6

D. 1-4-2-3-6-5

45. 選出下列句子的正確排列次序。

1. 獎牌背面鑲嵌玉璧

2. 即站立的勝利女神和希臘潘納辛納科競技場全景

3. 獎牌正面使用國際奧委會統一規定的圖案

4. 獎牌的掛鈎由中國傳統玉雙龍蒲紋璜演變而成

5. 玉璧正中的金屬圖形上鐫刻著北京奧運會的會徽

A. 3-2-1-5-4

B. 4-3-2-1-5

C. 3-2-4-1-5

D. 1-5-3-2-4

- 全卷完 -

CRE-BLNST

文化會社出版社 **CULTURE CROSS LIMITED**

答題紙 ANSWER SHEET

請在此貼上電腦條碼
Please stick the barcode label here

(1) 考生編號 Candidate No.

(2) 考生姓名 Name of Candidate

(3) 考生簽署 Signature of Candidate

宜用H.B.鉛筆作答
You are advised to use H.B. Pencils

考生須依照下圖
所示填畫答案：

23 A B C D E

錯填答案可使用潔
淨膠擦將筆痕徹底
擦去。
切勿摺皺此答題紙

Mark your answer as follows:

23 A B C D E

Wrong marks should be completely erased with a clean rubber.

DO NOT FOLD THIS SHEET

1	A	B	C	D	E	21	A	B	C	D	E
2	A	B	C	D	E	22	A	B	C	D	E
3	A	B	C	D	E	23	A	B	C	D	E
4	A	B	C	D	E	24	A	B	C	D	E
5	A	B	C	D	E	25	A	B	C	D	E
6	A	B	C	D	E	26	A	B	C	D	E
7	A	B	C	D	E	27	A	B	C	D	E
8	A	B	C	D	E	28	A	B	C	D	E
9	A	B	C	D	E	29	A	B	C	D	E
10	A	B	C	D	E	30	A	B	C	D	E
11	A	B	C	D	E	31	A	B	C	D	E
12	A	B	C	D	E	32	A	B	C	D	E
13	A	B	C	D	E	33	A	B	C	D	E
14	A	B	C	D	E	34	A	B	C	D	E
15	A	B	C	D	E	35	A	B	C	D	E
16	A	B	C	D	E	36	A	B	C	D	E
17	A	B	C	D	E	37	A	B	C	D	E
18	A	B	C	D	E	38	A	B	C	D	E
19	A	B	C	D	E	39	A	B	C	D	E
20	A	B	C	D	E	40	A	B	C	D	E

MC

文化會社出版社
投考公務員 模擬試題王

中文運用
模擬試卷（八）

時間：四十五分鐘

考生須知：

（一） 細讀答題紙上的指示。宣布開考後，考生須首先於適當位置貼上電腦條碼及填上各項所需資料。宣布停筆後，考生不會獲得額外時間貼上電腦條碼。

（二） 試場主任宣布開卷後，考生請檢查試題冊及確定試題冊內共四十五條試題。第四十五條後會有「**全卷完**」的字眼。

（三） 本試卷各題佔分相等。

（四） **本試卷全部試題均須回答**。為便於修正答案，考生宜用HB鉛筆把答案填畫在答題紙上。錯誤答案可用潔淨膠擦將筆痕徹底擦去。考生須清楚填畫答案，否則會因答案未能被辨認而失分。

（五） 每題只可填畫**一個**答案。如填劃超過一個答案，該題將**不獲評分**。

（六） 答案錯誤，不另扣分。

（七） 未經許可，請勿打開試題冊。

CC-CRE-UC

（一）閱讀理解

I. 文章閱讀（8題）

在這部分，考生須閱讀一篇題材與日常生活或工作有關的文章，然後回答問題。題目在於測試考生在理解和掌握文章意旨、深層意義、辨別事實與意見、詮釋資料等方面的能力。

現在，明眼人一看就知道，相聲明顯競爭不過小品。為什麼呢？
我想，主要的原因，在於現代相聲在思想性的追求上有些落伍，整體上不如小品的思想性深刻。
按説，相聲藝術發展到今天，在藝術上已經相當成熟了，説學逗唱的功夫和技巧，應該不會比小品遜色多少。小品是舶來品，直接借鑒了西方許多藝術手法，尤其在思想性和哲理性上獨領風騷，這是它順應時代風尚，後來居上的首要原因。
大家知道，新中國成立後，國民的整體質素和文化修養普遍提高，人們的審美層次已經發生了質的飛躍。以往僅僅有趣的藝術形式已經漸漸不能滿足人們的需求，人們在追求藝術享受的同時，還追求思想的升華和哲理的啟迪，追求「有益的」教誨。這「有益的」，不能理解為政治説教，也不能理解為道德説教，它更多地傾向於知識和哲理，傾向於生活中的真理。
每年的新春聯歡電視節目中，那些藝術性和思想性俱佳的小品總是最受歡迎的，因為它值得人們花費時間和精力來欣賞。人們在觀賞的同時，心靈得到了陶冶，智慧得到了啟迪。相反，那些顯得有些粗俗，僅僅為了逗得觀眾一樂的小品，往往並不能贏得廣大觀眾的青睞。
有人説，中國人接受了幾千年的説教，現在都有點厭煩了，藝術應該向純藝術的方向發展。我覺得這是一種錯覺。中國人是受了幾千年的説教，這不假，但那是什麼樣的説教呢？如果是違背科學，違背真理的說教，不要說中國人，更不要說現代的中國人，就是外國人不是也同樣反感嗎？但說教並不意味著就非要違背科學，違背真理，它不許傳播科學、弘揚真理、啟迪人生的智慧嗎？人們心中排斥的，只是虛偽造作無用的說教，決不會排斥真、善、美的教誨。嚮往真理，探究生活的哲理，是人的本能，什麼時候也不會改變。這幾年，哲理故事逐漸流行於故事刊物中，為僅僅有趣、出奇的故事注人了一針強心劑，重新拉回了大量的讀者，就很能說明這個問題。大量的哲理美文，正風行於網絡和各種期刊中，也是一種佐證。它證明人們永遠不會拒絕真、善、美的藝術薰陶，不會拒絕有益的啟迪。

所以，我願意為說教爭鳴，願藝術永遠不要脫離主題，脫離它該有的思想內涵。

01. 下列對文章主旨的概括，正確的是：

A. 人們排斥的只是虛偽造作無用的說教
B. 藝術不要脫離主題和應有的思想內涵
C. 說教應既有藝術性又有一定的哲理性
D. 人們嚮往真理，熱愛探究生活的哲理

02. 人們的審美層次的質的變化表現在：

A. 人們已不會被有趣的藝術形式所吸引
B. 同時追求藝術享受和有益的教誨
C. 國民的整體文化質素普遍提高
D. 傾向於追求知識哲理及生活中的真理

03. 下列選項中，不能作為本文觀點的論據的是：

A. 某些電影作品情節簡單，畫面製作精良，票房收入屢創新高

B. 某些小品中無厘頭的情節設置和誇張的表演受人詬病

C. 一些在思想性上有些落伍的相聲逐漸失去了觀眾的喜愛

D. 某影片體現了對小城鎮居民的人文關懷，成本低，叫好又叫座

04. 第7段中，畫線處「強心劑」一詞指的是：

A. 知識

B. 故事

C. 趣味

D. 哲理

05. 作者認為藝術應該向純藝術的方向發展是一種錯覺，是因為：

A. 純藝術只是一種理想，現實中並不存在

B. 現代的中國人和外國人都反感違背科學的説教

C. 追求真善美是所有藝術形式的終極目標

D. 人們並不反對傳播科學、啟迪人生智慧的説教

06. 相聲明顯競爭不過：

A. 小品

B. 電影

C. 電視劇

D. 文中沒有提及

07. 大量的哲理美文，正風行於網絡和各種期利中：

A. 證明人們永遠不會拒絕真、善、美的藝術薰陶

B. 不會拒絕有益的啟迪

C. 以上皆是

D. 文中沒有提及

08. 對於有人説，中國人接受了幾千年的説教，現在都有點厭煩了，藝術應該向純藝術的方向發展，作者認為：

A. 這是一種錯誤的看法

B. 這是一種正確的看法

C. 很難説得準

D. 文中沒有提及

II. 片段/語段閱讀（6題）

這部分是測試考生在閱讀個別片段／語段時能否理解該段文字的含義或引申出來的觀點，找出支持或否定某些觀點的選項，或選出最能概括該段文字的一句話等。

09. 研究者持續觀察發現，母雁鵝喜歡色彩艷麗、翅膀肥厚的公雁鵝，其結果是，公雁鵝變得色彩越來越艷麗，翅膀越來越肥厚。不幸的是，鮮艷的色彩使得雁鵝容易暴露，肥厚的翅膀影響飛行。本屬「同種競爭」的優勢、反而成為「自然競爭」的劣勢。於是，一代一代下來，雁鵝在大自然中面臨了滅亡的危險。

作者通過以上例證試圖強調的觀點是：

A. 母雁鵝的喜好是導致雁鵝「同種競爭」的重要因素

B.「同種競爭」的優勢未必有利於種群的發展

C.「同種競爭」與「自然競爭」之間大都具有矛盾關係

D. 雁鵝群目前已經遭遇到了重大的生存危機

10. **縱觀整個蘋果產品組件的供應鏈，中國企業仍然處於價值增值的低端，利潤微薄，僅能賺取低廉的加工費。亞洲開發銀行的報告顯示，一個 iPhone（3G）的出口價格大約是179美元，在中國組裝支出大約為6.5美元。也就是說，一個iPhone手機在中國的價值增值只有其出口價格的3.6%左右。顯然，作為世界第二大經濟體和世界工廠，中國製造業的發展依舊落後，科技含量低，利潤率低。**

這段文字意在強調：

A. 蘋果手機在中國的價值增值非常小

B. 中國仍沒有改變世界代工廠的低端地位

C. 蘋果手機組作主要在中國加工

D. 中國在蘋果產品組件供應鏈中處於重要的位置

11. **可以說，科學革命的發端幾乎與行星運動和血液循環研究在同步前進。洛克所發明的顯微鏡將截至那時我們無法看見的微小物質呈現在人類眼前，進而將科學的發展擴展到了新的領域。《顯微術》是新興實證主義的宣言，這與《浮士德》中的巫術相差十萬八千里。然而，顯微學這門新的科學要做的可不僅僅是精確的觀測。從伽利略開始，這門科學便是一種系統的實驗法，一種數學關係的識別法。相應地，牛頓和萊布尼茲分別提出微積分和微分學。最後，鑒於笛卡兒和斯賓諾莎推翻了關於認知**

和理性的傳統理論，所以這場科學革命也是一場哲學革命。毫不誇張地説，正是這一系列的知識創新催生了現代解剖學、天文學和物理學。

對這段文字主旨概括最準確的是：

A. 顯微學在科學發展史上扮演了極其重要的角色

B. 實證主義的出現使歐洲科學界發生重大變革

C. 自然科學的進步能引發人類對哲學命題的思考

D. 顯微鏡的發明是人類認識自然過程中的重大事件

12. **早在2004年，歐盟就發布了《關於報廢電子電器設備指令》，該指令又被人們形象地稱為「歐盟綠色指令」，要求產品的生產商、進口商和經銷商必須負責回收、處理進入歐盟市場的廢棄電器和電子產品，從而建立了完善的「生產者/經銷商延伸責任」體制。電器製造商、經銷商有義務對電子垃圾的回收處理承擔「延伸責任」和處理成本，消費者也必須承擔相應的法律責任。遺憾的是，中國目前對電子垃圾的回收處理幾乎完全處於失控和無序狀態。假如我們只是被動地面對電子垃圾高峰，就不可能解決越來越多的電子垃圾。**

根據這段文字，什麼才是應對電子垃圾高峰的可行之道？

A. 教育公眾提高環保意識和責任意識

B. 出台具有強制力的電子垃圾處理法律

C. 制定電子垃圾回收處理的規範流程

D. 開發和研製符合環保要求的綠色電子產品

13. **幹細胞是具有自我更新和多向分化潛能的原始細胞群體，是形成各種組織器官的起源細胞。當機體成熟體細胞因衰老或受傷死亡，幹細胞隨時生產它們的替代品來維持各種的細胞更新和組織修復。可惜的是，隨著年齡的增長，人體中的幹細胞族群增殖和分化的能力會嚴重減弱。從這個角度看，通過某神方式干預和恢復幹細胞的活力就有望修復組織功能，達到延緩衰老的效果。**

這段文字意在說明：

A. 人類實現青春不老的美麗夙願依賴於幹細胞技術的應用
B. 恢復活力的幹細胞能替換各種因衰老或受傷而死亡的細胞
C. 幹細胞技術將有助於改善人類健康水平、提高生活質量
D. 人體之所以會老去是因為衰老細胞不能及時被幹細胞替代

14. **如果說邏輯源自「先驗」，即邏輯超越經險、先於經驗而存在，那麼到底有無超越具象事物的抽象邏輯存在？如果有，我們又如何推知其存在？不少邏輯學家常以類似「三角形內角和等於180度」這樣的命題來證明邏輯的先驗性——自然，作為數理邏輯的符號系統尤其如此，似乎邏輯形式可以不依賴於人們的經驗而具有推理的自洽性和永恆正確性，客觀世界的事物都必須通過「邏輯的安排」才得以使人們有一清晰系統的認識。倘若真是如此，我們不禁要問，人類作為經驗性的存在，又如何知曉有一個超越經驗的邏輯存在？無疑，承認先驗邏輯的存在，勢必陷入獨斷論的泥潭或陷入神秘主義的窠臼。**

這段文字旨在：

A. 質疑先驗邏輯的存在

B. 說明神秘主義是不可取的

C. 論述邏輯是對經驗的總結

D. 解釋客觀世界有時是沒有邏輯的

（二）字詞辨識（8題）

這部分旨在測試考生對漢字的認識或辨認簡化字的能力。

15. 下列各詞語，沒有錯別字的是：A. 浪費公帑　B. 幹旋　C. 大纛　D. 參差不齊　E. 病入膏肓

A. A、C、E

B. B、D、E

C. A、C、D

D. B、C、D

16. 下列文句，沒有錯別字的是：

A. 盆景中的老榕樹，樹皮斑剝，古意昂然。

B. 打落牙齒合血吞，他是一個崛強的男子漢。

C. 祖父整天手不釋劵，以讀書為愉樂。

D. 他是學術界的巨擘，私淑者不乏其人。

17. 下列文句，沒有錯別字的選項是：

A. 山頂下望，道路縱橫，房舍鱗次，又有蘭陽溪穿流而過。

B. 月灑銀光，繁星熠耀，空氣沁涼人心。

C. 久聞東北角風光獨絕，於是隻身趨車前往。

D. 初極狹，纔通人，復行數十步，霍然開朗。

18. 下列成語沒有錯別字的選項是：

A. 不技不求

B. 相形見拙

C. 甘冒不諱

D. 骨鯁在喉

19. 請選出下面簡化字錯誤對應繁體字的選項。

A. 龙→龐

B. 练→練

C. 丽→麗

D. 劳→勞

20. 請選出下面簡化字錯誤對應繁體字的選項。

A. 陆→陸

B. 楼→樓

C. 绿→綠

D. 录→炙

21. 請選出下面繁體字錯誤對應簡化字的選項。

A. 蘭→柬

B. 禮→礼

C. 臉→脸

D. 亂→乱

22. 請選出下面繁體字錯誤對應簡化字的選項。

A. 構→构

B. 館→馆

C. 幹→干

D. 顧→雇

（三）句子辨析（8題）

這部分旨在考核考生對中文語法的認識，辨析句子結構、邏輯、用詞、組織等能力。

23. 下列各句中，沒有語病的一項是：

A. 他發憤苦讀，用三年時間就學完了大學所有課程。

B. 專家強調，必須牢固樹立保護生態環境就是保護生產力的理念，形成綠水青山也是金山銀山的生態意識，構建與生態文明相適應的發展模式。

C. 當你佇立岸邊，放眼無邊的大海，眼前會湧現出一幅我們的祖先日出而作、日落而歸的壯麗圖畫。

D. 難道你能否認你不應該刻苦學習嗎。

24. 下列各句中，沒有語病的一句是：

A.「五大道歷史體驗館」項目以五大道歷史為背景，以洋樓文化為主線，結合歷史圖片、歷史資料、歷史物品、歷史人物，通過多媒體手段，展現當年的洋樓生活。

B.「全民閱讀」活動是豐富市民文化生活，引導市民多讀書、讀好書，使讀書成為一種體現百姓精神追求的生活方式。

C. 由於自貿區致力於營造國際化、法治化、市場化的營商環境，使更多金融、物流和IT等專業人才有機會不出國門，就能拿到遠超同行水平的「國際工資」。

D. 一個民族的文明史實質上就是這個民族在漫長的歷史長河中，經歷了深重災難，也絕不放棄文化的傳承與融合，從而促進自我發展的精神升華歷程。

25. 下列各句中，沒有語病的一句是：

A. 幾年來，他無時無刻不忘蒐集、整理民歌，積累了大量的資料。

B. 根據國家統計局發布的數據，4月份中國居民消費價格指數出現自去年12月以來的最大漲幅，但仍低於相關機構的預測。

C. 這部小説中的《邊緣人》是一個玩世不恭、富有破壞性卻真實坦白的群體，人們面對這類形象時會引起深深的思索。

D. 為進一步保障百姓餐桌安全，政府對施行已超過5年的《食品安全法》作了修訂，因加大了懲處力度而被冠以「史上最嚴」的稱號。

26. 下列各句中，沒有語病的一句是：

A. 我上街買了牙膏、牙刷和日用品。

B.「絲綢之路經濟帶」橫跨亞、非、歐三大洲，其形成與繁榮必將深刻影響世界政治、經濟格局，促進全球的和平與發展。

C. 學校把這個任務交給我們班，大家都有光榮的感覺是難以形容的。

D. 父親住院期間，姐姐每天晚上都陪伴在他身旁，聽他講述一生中經歷的種種苦難和幸福，她就算再忙再累，也不例外。

27. 下列各句中，沒有語病的一項是：

A. 只有當促進藝術電影繁榮成為社會共識，從源頭的創作方到受眾方的各環節都得到強有力的支持，藝術電影才能真正實現飛躍。

B. 就學生的課業負擔而言，老師們一年四季埋在作業堆里，太辛苦了。

C. 工作之餘，大家閒談話題離不開子女教育、住房大小、職務升遷，也照樣脱不開為飯菜鹹淡、暖氣冷熱、物價高低吐槽發聲。

D. 政府重新修訂《食品安全法》，目的是用更嚴格的監管、更嚴厲的處罰、更嚴肅的問責，切實保障「舌尖上的安全」，被稱為「最嚴食品安全法」。

28. 下列句子中，沒有語病的一項是：

A. 古往今來，誰也不否認有偉大成就的天才，都是具有刻苦勤奮的精神。

B. 據報導，某市場被發現存在銷售假冒偽劣產品，偽造質檢報告書，管理部門將對此開展突擊搜查，進一步規範經營行為。

C. 隨著個人電腦的廣泛應用，網際網路以不可阻擋之勢在全世界範圍內掀起了影響社會不同領域、不同層次的變革浪潮。

D. 網上召喚計程車的手機軟件為乘客和司機搭建起溝通平台，方便了市民打車，但計程車無論是否使用網上召喚手機軟件，均應遵守運營規則，這才能維護相關各方的合法權益和合理要求。

29. 下列各句中，沒有語病的一句是：

A. 有的人看夠了城市的繁華，喜歡到一些人跡罕至的地方去遊玩，但這是有風險的，近年來已經發生了多次背包客被困野山的案情。

B. 他家離鐵路不遠，小時候常常去看火車玩兒，火車每當鳴著汽笛從他身邊飛馳而過時，他就很興奮，覺得自己也被賦予了一種力量。

C. 新「旅遊法」的頒布實施，讓很多旅行社必須面對新規定帶來的各種新問題，不少旅行社正從過去拼價格向未來拼服務轉型的陣痛。

D. 哈大高鐵施行新的運行計劃後，哈爾濱至北京、上海等地的部分列車也將進一步壓縮運行時間，為廣大旅客快捷出行提供更多選擇。

30. 下列句子，沒有語病的一項是：

A. 貝母是一種多年生草本植物，因其鱗莖具有止咳化痰、清熱散結的神奇功效，常常採集起來，加工成藥材。

B. 此次《環境保護法》修訂，歷時兩年，前後經過了多次審議，如今終於定稿，在環境優先於經濟的原則上已達成一致並寫入法律。

C. 一段時間以來，漢字書寫大賽、非遺保護等文化現象引人注目，傳統文化的重要性已越來越為國人所認知。

D. 馬爾克斯的一生充滿傳奇色彩，他不僅是魔幻現實主義文學的集大成者以及拉美「大學爆炸」的先驅，還是記者、作家以及電影工作者。

（四）詞句運用（15題）

這部分旨在測試考生對詞語及句子運用的能力。

31. **英國經濟學家哥爾柏說：「稅收這種技術，就是拔最多的鵝毛，聽最少的鵝叫。」此話不免有幾分＿＿＿＿＿，但卻形象地說明，制定稅收政策，必須尋找一個合適的＿＿＿＿＿點。**

A. 戲謔　切入

B. 誇張　落腳

C. 揶揄　平衡

D. 幽默　增長

32. **許多種類的蝴蝶魚在尾部前上方、與頭部眼睛相對稱位置有一黑色斑點，宛如魚眼，而它的眼睛則＿＿＿＿＿在頭部的黑斑中。平時，蝴蝶魚在海中總是倒退游動。掠食者常受尾部黑斑的＿＿＿＿＿，誤把魚尾作魚頭。當掠食者猛撲向它時，蝴蝶魚則順勢向前飛速逃走。**

A. 隱匿　引誘

B. 藏匿　誘騙

C. 深藏　誘惑

D. 隱藏　迷惑

33. **不少作家把人生比作登山，＿＿＿＿＿就是登上山頂略事休息徘徊的那一剎那。此前是「快樂地努力地向前走」，此後則「別有一般滋味」的「想回家」；此前是「路上有好多塊結腳石，曾把自己磕碰得鼻青臉腫」，此後則「前面是下坡路，好走得多」。「下坡路」也罷，「想回家」也罷，都是一種＿＿＿＿＿的心態。一切都不過如此，沒什麼稀奇的，不值得大驚小怪，也不值得苦苦追求。**

A. 中年　過來人

B. 老年　過來人

C. 中年　成功者

D. 老年　成功者

34. **同經濟體制的轉型相比，道德規範的轉型在時間上會有一定的__________，它需要更漫長的發育和形成過程，不能指望__________。**

A. 延後　一勞永逸

B. 滯後　一蹴而就

C. 延時　易如反掌

D. 拖延　立竿見影

35. **一個好的廚師對烹任食物會有自己的理解，會接受各種食材的搭配，不會矯情地執著於什麼才是正宗，美味好吃才是最重要的；好的廚師會關注流行的烹任，但一定會有自己的__________和想法，不會成為潮流的追隨者；好的廚師會認為食客才是自己的衣食父母，不會想著如何__________，成為富人和美食評論家的寵兒。**

A. 特色　巧言令色

B. 原則　趨炎附勢

C. 品位　曲意逢迎

D. 追求　察言觀色

36. **冬日飲茶，自帶幾分禪意。窗外寒風呼嘯，窗前水沸爐暖，茶香因為寒冷的映襯，愈發清冽，直抵心源。有人說，若要體會冬天的妙處，必經時間的淘洗與打磨，如同體會茶氣一般，必要走過高山與峽谷，看盡湖泊與激流，從盼望**

「＿＿＿＿＿＿＿＿＿＿」，到「快日明窗閑試墨，寒泉古鼎自煎茶。」酒茶之間，歲月釀出了酒香，日子氤氳著茶氣。平淡天真裡，是靜穆，是微笑，是禪意在吹拂。

A. 寒夜客來茶當酒，竹爐湯沸火初紅

B. 晚來天欲雪，能飲一杯無

C. 一曲新詞酒一杯，去年天氣舊亭台

D. 東籬把酒黃昏後，有暗香盈袖

37. **「讓人人都過上好日子」這種說法是沒錯的。但是是否因此就可以認為「提倡艱苦樸素」這一口號已經過時了呢？我們今天還要不要發揚艱苦奮鬥的光榮傳統了呢？＿＿＿＿＿＿＿＿＿＿。**

A. 十分明顯，我們的回答是肯定的

B. 如果我們缺乏清醒的頭腦，就可能作出錯誤的回答

C. 從全面的觀點看，當然不能這樣認為

D. 只要想想我們的發展遠景，我們就應該承認這個問題必須考慮

38. **人類的平均壽命越來越長，但是人類所觀察到的癌症發生率也越來越高。在分析這種趨勢的時候，很多人會把它歸結為現代食物的品質越來越差。於是時不時有人發出「某某食物致癌」的言論，總能吸引一堆眼球；如果指出這種「致癌的食物」跟現代技術有關，＿＿＿＿＿＿＿＿＿＿。**

A. 那就更容易得到公眾的普遍認同

B. 那就應該分析其關聯性到底有多大

C. 那也不能作為反對現代技術的理由

D. 那麼據此得出的結論就往往只是初步的

39. **依次填入下列兩句橫線處的語句，與上下文語意連貫的一組應是：**

（1）有一次，聽到了森林裡的猿啼。那聲音，忽遠忽近，或呼或和，飛動如閃電，高亢如天風，____________________，比人類偉大天才譜出的樂章更為神妙動聽。

（2）北平郊外，____________________，和時時吹來的幾陣雪樣的西北風，所給予人的印象，實在是深刻、偉大、神秘到了不可以語言來形容。

1. 激越如奔泉，飄逸如閑雲
2. 飄逸如閑雲，激越如奔泉
3. 西山隱隱的不少白峰頭，以及無數枯樹林，一片大雪地
4. 一片大雪地，無數枯樹林，以及西山隱隱的不少白峰頭

A. 1、3

B. 1、4

C. 2、3

D. 2、4

40. **「____________________」，我們不妨拉開一個比較長時段的歷史來觀察。傳播史告訴我們，新媒體之新是相對於舊而言的，每個時代都有自己「新」的媒體，以及由此而來的新的文化政治。文字的書寫對於結繩記事是新的，雕版印刷對於竹簡刻字是新的，金屬活字印刷技術較於手抄和雕版印刷是新的。所以，「新」這個東西並不值得我們手忙腳亂。**

A. 黃金時代在我們面前而不在背後

B. 潮流永遠不待人

C. 太陽底下無新事

D. 時間是變化的財富

41. 選出下列句子的正確排列次序。

1. 他直起腰，快步朝前走去
2. 五分硬幣從他手指縫鑽出，掉到地上
3. 後面傳來低低的細語和響亮的、富有節奏的高跟鞋敲打路面的聲音；恍惚間，他看到了那熟悉的隨風擺動的裙子
4. 他朝著校門外的瓜子攤兒走去，手伸進褲兜
5. 只有那五分硬幣靜靜地躺在那裡
6. 他彎下腰，剛要將它拾起
7. 高跟鞋的聲響也漸漸遠去

A. 1-2-3-4-5-6-7
B. 4-2-6-3-1-7-5
C. 2-5-1-3-7-6-4
D. 5-6-3-4-2-7-1

42. 選出下列句子的正確排列次序。

1. 每年清明節期間，新茶初出，最適合參鬥
2. 鬥茶，即比賽茶的優劣，又名鬥茗、茗戰，始於唐、盛於宋，是古代有錢有閑人的雅玩
3. 鬥茶的場所，多選在有規模的茶葉店，前後二進，前廳闊大，為店面；後廳狹少，兼有廚房，便於煮茶
4. 在古代，鬥茶可謂風靡一時，如同西班牙鬥牛一般惹人眷愛。但不同的是，鬥茶要文雅得多，其文化內涵也十足豐富
5. 有些人家，有比較雅潔的內室，或花木扶疏的庭院，或臨水，或清幽，都是鬥茶的好場所
6. 宋代是一個極講究茶道的時代，宋徽宗趙佶撰「大觀茶論」，蔡襄撰「茶錄」，黃儒撰「品茶要錄」，可見宋代鬥茶之風極盛

A. 6-3-5-2-1-4

B. 4-2-6-1-3-5

C. 2-1-3-5-4-6

D. 1-2-6-3-5-4

43. 選出下列句子的正確排列次序。

1. 也許，除了反思民眾的文化質素，不妨再問問，是什麼絆住了百姓走向正規醫院的腳步？是什麼促使百姓寄希望予那些「神醫」
2. 解決這些問題，也是防止「神醫現象」再現的關鍵所在
3. 可是怎樣既在社會制度層面、民生層面，又在精神領域順利完成這種「現代性轉換」，這是一個系統工程
4. 實際上，作為一個轉型中的擁有悠久傳統文化的古國，出現張悟本、李一等「神醫現象」也算是一種「必然」
5. 除了醫療資源嚴重不足的原因，我們對病患及其家屬的精神關懷是否充分？有沒有將以人為本落到實處

A. 1-5-4-3-2

B. 1-5-4-2-3

C. 4-3-2-1-5

D. 4-3-1-5-2

44. 選出下列句子的正確排列次序。

2009年12月，藏羚羊基因組序列圖譜在青海大學醫學院宣告繪製完成

1. **藏羚羊是中國青藏高原特有的物種，是研究低氧適應性的極佳模式動物，具有珍貴的進化研究價值**
2. **並且，有助於從根本上改善高原居民尤其是青藏高原藏族等世居少數民族的生存狀態**

3. 專家認為，此圖譜的繪製完成，將為破譯慢性高原病發病機制提供科學依據
4. 這是世界上第一部高原瀕危物種全基因組序列圖譜，也是中國科學家對全球基因組科學的又一重大貢獻

A. 1-2-3-4

B. 2-1-3-4

C. 4-3-1-2

D. 4-1-3-2

45. 選出下列句子的正確排列次序。

1. 我的食物基本上都不是我自己做的，衣服更是一件都沒做過
2. 用我們的專長來表達是唯一的方式——因為我們不會寫鮑勃・迪倫的歌或湯姆・斯托帕德的戲劇
3. 我想大多數創造者都想為我們得以利用前人取得的成就表達感激
4. 我並沒有發明我用的語言或數學
5. 我們很多人都想回饋社會，在這股洪流上再添上一筆
6. 我所做的每一件事都有賴於我們人類的其他成員 ，以及他們的貢獻和成就

A. 3-6-1-4-5-2

B. 6-4-3-1-2-5

C. 3-4-1-6-5-2

D. 6-5-2-1-4-3

- 全卷完 -

CRE-BLNST

文化會社出版社 **CULTURE CROSS LIMITED**

答題紙 ANSWER SHEET

請在此貼上電腦條碼
Please stick the barcode label here

(1) 考生編號 Candidate No.

(2) 考生姓名 Name of Candidate

(3) 考生簽署 Signature of Candidate

宜用H.B.鉛筆作答
You are advised to use H.B. Pencils

考生須依照下圖所示填畫答案：

23 A B C D E

錯填答案可使用潔淨膠擦將筆痕徹底擦去。
切勿摺皺此答題紙

Mark your answer as follows:

23 A B C D E

Wrong marks should be completely erased with a clean rubber.

DO NOT FOLD THIS SHEET

	A	B	C	D	E		A	B	C	D	E
1	A	B	C	D	E	21	A	B	C	D	E
2	A	B	C	D	E	22	A	B	C	D	E
3	A	B	C	D	E	23	A	B	C	D	E
4	A	B	C	D	E	24	A	B	C	D	E
5	A	B	C	D	E	25	A	B	C	D	E
6	A	B	C	D	E	26	A	B	C	D	E
7	A	B	C	D	E	27	A	B	C	D	E
8	A	B	C	D	E	28	A	B	C	D	E
9	A	B	C	D	E	29	A	B	C	D	E
10	A	B	C	D	E	30	A	B	C	D	E
11	A	B	C	D	E	31	A	B	C	D	E
12	A	B	C	D	E	32	A	B	C	D	E
13	A	B	C	D	E	33	A	B	C	D	E
14	A	B	C	D	E	34	A	B	C	D	E
15	A	B	C	D	E	35	A	B	C	D	E
16	A	B	C	D	E	36	A	B	C	D	E
17	A	B	C	D	E	37	A	B	C	D	E
18	A	B	C	D	E	38	A	B	C	D	E
19	A	B	C	D	E	39	A	B	C	D	E
20	A	B	C	D	E	40	A	B	C	D	E

CRE-UC
中文運用

文化會社出版社
投考公務員 模擬試題王

中文運用
模擬試卷（九）

時間：四十五分鐘

考生須知：

（一） 細讀答題紙上的指示。宣布開考後，考生須首先於適當位置貼上電腦條碼及填上各項所需資料。宣布停筆後，考生不會獲得額外時間貼上電腦條碼。

（二） 試場主任宣布開卷後，考生請檢查試題冊及確定試題冊內共四十五條試題。第四十五條後會有「**全卷完**」的字眼。

（三） 本試卷各題佔分相等。

（四） **本試卷全部試題均須回答**。為便於修正答案，考生宜用HB鉛筆把答案填畫在答題紙上。錯誤答案可用潔淨膠擦將筆痕徹底擦去。考生須清楚填畫答案，否則會因答案未能被辨認而失分。

（五） 每題只可填畫**一個**答案。如填劃超過一個答案，該題將**不獲評分**。

（六） 答案錯誤，不另扣分。

（七） 未經許可，請勿打開試題冊。

CC-CRE-UC

（一）閱讀理解

I. 文章閱讀（8題）

在這部分，考生須閱讀一篇題材與日常生活或工作有關的文章，然後回答問題。題目在於測試考生在理解和掌握文章意旨、深層意義、辨別事實與意見、詮釋資料等方面的能力。

跟電視一樣，收視率對中國的電視和廣告行業而言，是個地地道道的舶來品，在中國的應用不過短短二十餘年。由於這是一個全新的行業指標，因此不僅國內開展此類業務的經驗還有待摸索和積累，而且對這一領域進行深入研究的專家和機構也少之又少。如此一來，在當前收視率已經被看作電視、廣告行業的通行貨幣的情況下，促進收視率調查的公開、透明和公平，就顯得尤為迫切。根據美國、英國等開展該項業務較早的國家的經驗，要真正實現收視率調查的公正、可信，不僅需要收視率調查機構本身的科學方法和誠信態度，更需要行業主管部門的監管調控及社會公眾的積極參與。而對於今天的中國來説，通過一組報道，讓更多公眾知道了收視率這個行業術語，了解了收視率調查的方法，未嘗不是一個良好的開端。

另一方面，在獲得了準確可信的收視率後，更為重要的恐怕是如何看待和使用收視率。説到底，收視率只是一個可供行業參考的數據，任何對其本身的攻擊都只是__________，而如何將它用得科學、用得合理，卻完全關乎從業人員的態度。

實際上，與收視率一樣，在文化產業快速發展的今天，網絡點擊率、電影票房、圖書銷售量、劇院上座率等等一系列數字，也越來越多地被提及，儼然將成為衡量文化產業各門類發展水平的唯一標準。殊不知，文化產品質量的優劣，文化產業發展水平的高低，卻遠不是幾個簡單的數字就可以量化評估的。一味地追求與商業利益掛鈎的數字效應，不僅不能反映產業發展的真實面貌；還難免使產業發展走向歧途。從這個意義上説，收視率造假事件給我們帶來的啟示，不僅要警惕「唯收視率是瞻」，更要警惕整個文化產業發展過程中的「唯數字是瞻」。

01. 第1段意在闡述這樣一種觀點，即：

A. 保證收視率公正可信的前提是了解收視率調查方法

B. 現在中國亟須促進收視率調查的公開、透明和公正

C. 目前在收視率調查方面中國仍需借鑒英美等國經驗

D. 只有加強行業主管部門監控才能保證收視率的真實

02. 關於收視率，下列哪項與本文不符？

A. 收視率在中國是一個全新的行業指標

B. 收視率只是一個可供行業參考的數據

C. 收視率調查的經驗還有待進一步摸索和積累

D. 對收視率的態度和使用比收視率調查更重要

03. 填入文中第2段畫線處最恰當的一項是：

A. 欲加之罪

B. 以偏概全

C. 欲蓋彌彰

D. 推波助瀾

04. 根據本文，合理而科學地使用收視率關鍵在於：

A. 行業專家和機構要深入研究

B. 行業的主管部門要加强監控

C. 行業的從業人員要端正態度

D. 收視率調查機構要公正可信

05. 第3段旨在說明：

A. 簡單的數字無法準確量化評估文化產品質量

B. 要警惕數字效應對文化產業產生的負面影響

C. 收視率與網絡點擊率、電影票房等本質相同

D. 目前收視率造假的最大驅動力就是商業利益

06. 收視率對中國的電視和廣告行業而言：

A. 是舶來品

B. 並不重要

C. 自古以來而有

D. 文中沒有提及

07. 在文化產業快速發展的今天，網絡點擊率、電影票房、圖書銷售量、劇院上座率等等一系列數字：

A. 越來越多地被提及

B. 是衡量文化產業各門類發展水平的唯一標準

C. 以上皆是

D. 文中沒有提及

08. 收視率造假事件給我們帶來的啟示，我們要警惕：

A. 唯收視率是瞻

B. 唯數字是瞻

C. 以上皆是

D. 文中沒有提及

II. 片段/語段閱讀（6題）

這部分是測試考生在閱讀個別片段／語段時能否理解該段文字的含義或引申出來的觀點，找出支持或否定某些觀點的選項，或選出最能概括該段文字的一句話等。

09. **制度的監管離不開法律的依據。微博營銷也一樣，只有觸犯了法律的行為才會啟動相關的法律程序。遺憾的是，目前對於微博營銷中出現的不正當競爭或者惡意詆毀的現象，並沒有相對應的明確的法律條文。**

    作者通過這段文字意在強調：

    A. 規範微博營銷必須加強制度方面的監管
    B. 應堅決制止微博營銷中的不正當競爭
    C. 應盡快推出規範微博營銷的法律法規
    D. 微博營銷一旦違法，就應啟動法律程序

10. **說起社會公正，最多人的答案是要機會平等。說起機會平等，人們腦海浮現的，往往是競技場上的起跑線。只要大家站在同一起跑線，競爭就是公平的，因此最後跑出來的結果無論是什麼，那也是公正的。問題是：到底要滿足什麼條件，我們才能站在相同的起跑線？更進一步，當我們用起跑線這一比喻來思考正義問題時，背後有著怎樣的道德想像？**

    這段文字的主要觀點是：

    A. 機會平等的概念，不能只停留在同一起跑線上
    B. 只有站在相同的起跑線上才能實現機會平等
    C. 機會平等是努力確保起點公平，容許競爭者自由發揮
    D. 所謂起點公平是要抹平競爭者的所有差別

11. **從能源看，自煤炭時代進入石油時代後，石油成為維繫文明社會不可或缺的資源。隨著舊油田一個個衰落、新油田的發現越來越困難，人們不禁擔心，這種不可再生的化石能源勢必會枯竭。但事實卻不是這樣。特別是近十年，科技大發展促進了勘探開發，曾經的技術瓶頸一個個被突破了，許多過去沒有經濟儲量的地區也發現了大油田，剩餘可採儲量不僅沒有降低，反而越來越多了。**

這段文字意在說明：

A. 勘探技術的發展是提高石油產量的突破
B. 對化石能源枯竭的憂慮是杞人憂天
C. 科技發展使石油開採煥發新的生機
D. 石油可採儲量近十年來呈現爆發式增

12. **公眾是環境最大的利益相關人，擁有保護環境的最大動機，只要有合適的渠道，就能釋放出巨大能量。中國公眾目前的環保參與程度還很低，原因不是公眾環保意識淡漠，而是缺乏參與渠道。在中國目前的國情下，良性的公眾參與不僅能彌補政府力量之不足，還能大大提高公眾對政府政策的認同度，更能提升國民的公共道德質素。**

這段話的中心意思是：

A. 政府有保障公眾參與環保的義務
B. 中國目前公眾環保參與意識淡漠
C. 公眾參與環保有利於提高道德質素
D. 目前公眾參與環保的渠道不暢通

13. **蘑菇為傘菌科植物白蘑菇的子實體，是一種營養豐富的食用菌，富含蛋白質、多種氨基酸和維生素、碳水化合物、脂肪及鈣、磷、鐵等無機元素。作為食物配料使用於各種食品中，其味道鮮美，食後有開胃化瘀之功效。現代醫學研究證明，蘑菇具有滋陰潤肺、消食健胃、益氣補血、強身健體等功能，近年的研究還發現蘑菇有抗癌作用，這與蘑菇中含蘑菇多糖和多肽有關。食用蘑菇能預防肥胖、肝炎和癌症的發生，長期食用蘑菇還能抗衰老。**

    這段文字主要介紹了：

    A. 蘑菇的價值

    B. 蘑菇的功效

    C. 蘑菇的構造

    D. 蘑菇的用途

14. **只要生存本能猶在，人在任何處境中都能為自己編織希望，哪怕是極可憐的希望。陀思妥耶夫斯基筆下的終身苦役犯，服刑初期被用鐵鏈拴在牆上，可他們照樣有他們的希望：有朝一日能像別的苦役犯一樣，被允許離開這堵牆，戴著腳鐐走動。如果沒有任何希望，沒有一個人能夠活下去。**

    這段話蘊藏的哲理是：

    A. 生存是生命的第一要義

    B. 希望是生存的精神支柱

    C. 人可以置之死地而後生

    D. 人生存的目的在於希望

（二）字詞辨識（8題）

這部分旨在測試考生對漢字的認識或辨認簡化字的能力。

15. 下列敘述，沒有錯別字的選項是：

A. 韓劇流行之後，那些哈日族驅之若鶩，紛紛轉為哈韓族。

B. 十點半一到，百貨公司立刻播放晚安曲，表示要打烊了。

C. 這幢房子年久失修，需要好好的整頓修茸，才能住進去。

D. 棒球賽輸了球，球迷在球場邊嚎淘大哭，久久不肯離去。

16. 下面四句中何者沒有錯別字：

A. 經濟不景氣，銀行附近賣獎卷的人也多了。

B. 我們一定要努力生產，讓我們從新享受高水平的生活。

C. 經濟犯近年來高居世界第一，我們可真的是名副其實的世界第一。

D. 朋友有難時，我們一定要頂力相助。

17. 下列文句，沒有錯別字的是：

A. 他勤練多年，終於在音樂大賽中斬露頭角。

B. 請你把這件事的經過，巨細糜遺地告訴我。

C. 經過一番思考之後，他番然改圖，決定出國進修。

D. 公務員要循規蹈矩，才不會觸法。

18. 下列文句，沒有錯別字的是：

A. 戰爭爆發以後，我軍天天枕伐待旦，完全不敢鬆懈。

B. 王先生對女兒犯下吸毒的違法行為，感到痛心急首。

C. 陳先生已經三十幾歲了，至今仍孑然一身，真令他的父母感到憂心。

D. 人在廣大的宇宙中，只不過如滄海一粟而已。

19. **請選出下面簡化字錯誤對應繁體字的選項。**

A. 刚→剛

B. 干→旱

C. 贵→貴

D. 挂→掛

20. **請選出下面簡化字錯誤對應繁體字的選項。**

A. 卤→鹹

B. 块→塊

C. 获→獲

D. 换→換

21. **請選出下面繁體字錯誤對應簡化字的選項。**

A. 懷→怀

B. 劃→划

C. 劇→剧

D. 尺→尽

22. **請選出下面繁體字錯誤對應簡化字的選項。**

A. 絕→色

B. 繼→继

C. 靜→静

D. 簡→简

（三）句子辨析（8題）

這部分旨在考核考生對中文語法的認識，辨析句子結構、邏輯、用詞、組織等能力。

23. 下列各項中，沒有語病的一項是：

A. 為了提升國家通用語言文字的規範化、標準化水平，滿足資訊時代語言生活和社會發展的需要，教育部、國家語言文字工作委員會組織制定了《通用規範漢字表》。

B. 自1993年進入老齡化社會以來，我市老齡化速度加快。據統計，我市60周歲以上的老齡化人口已達到145.6萬，佔總人口的17.7%，老齡人口高於全國平均水平。

C. 你不認真學習，那怎麼能有好成績是可想而知的。

D. 隨著國家信用體制的建設，公民不僅將擁有統一的社會信用代碼，到2017年，還會有一個集合金融、工商登記、稅收繳納、交通違章等的統一平台建成，實現信息資源共享。

24. 下列各句中，沒有語病的一項是：

A. 中心思想是針對文章的整體內容而言的，要求具有較高的分析概括能力和準確的語言表達能力。

B. 雖然有國家資源作支撐，但面臨重重困難，國有企業能取得現在這樣的成績，確實可說堪稱不易。

C. 公司的老少職工們同台競賽，年輕職工積極踴躍，老年職工更是不讓鬚眉。

D. 通過捐款、創辦公益基金的方式回饋社會，不是企業家的法定義務，可提倡而不宜強制。

25. 下列各句中，沒有語病的一句是：

A. 一切兒童文學作品都應該永遠持著守護童年的立場，遵循兒童思維發展規律，富有豐富的想像力，充滿愛與希望，傳遞古老傳統中的善與美。

B. 在三年的高中生活中，我的進步很大。因為老師對自己都是嚴格要求的。

C. 自從實施飛行員培訓計劃後，學員報名十分踴躍，有航空愛好者，有想駕駛飛機節省時間的企業家，還有一些家長想給孩子增加一項實用技能。

D. 從他微弱的呼吸著，他還有一息尚存。

26. 下列各句中，沒有語病的一項是：

A. 這次招聘，一半以上的應聘者曾多年擔任外國公司的中高層管理職位，有較豐富的管理經驗。

B. 我父親是建築學家，許多人以為我母親後來進入建築領域，是受我父親的影響，其實不是這樣的。

C. 熟悉他的人都知道，生活中的她不像在熒幕上那樣，是個性格開朗外向、不拘小節的人。

D. 近年來，隨著房地產市場的發展和商品房價格的持續上漲，引起了有關部門的高度重視。

27. 下列各句中，沒有語病的一項是：

A. 城鎮建設要充分體現天人合一的理念，提高優秀傳統文化特色，構建生態與文化保護體系，實現城鎮與自然和諧發展。

B. 金沙遺址博物館的「太陽神鳥」金箔，是古蜀國黃金工藝輝煌成就的典型代表，以其精緻和神秘展示了古蜀人的智慧和魅力。

C. 老舍的寫作風格總是和人民同甘共苦、風雨同舟的。

D. 音樂劇是19世紀末誕生的，它具有極富時代感的藝術形式和強烈的娛樂性，使它成為很多國家的觀眾都喜歡的表演藝術。

28. 下列各句中，沒有語病的一句是：

A. 每一個學生都具有創新的潛能，要激發這種潛能，就要看能否培養學生自主學習的能力。

B. 17世紀至18世紀，荷蘭鑄制著名的馬劍銀幣，逐漸流入台灣和東南沿海地區，至今在中國民間仍有不少收藏。

C. 在任何組織內，優柔寡斷者和盲目衝動者都是傳染病毒，前者的延誤時機和後者的盲目衝動均可使企業在一夕間造成大災難。

D. 如果僅僅把這部話劇理解為簡單意義上的反映兩個階級間不可調和的矛盾的一次憤懣的碰撞的話，那麼就可能低估了作品的審美價值。

29. 下列各句中，沒有語病的一句是：

A. 作為古希臘哲學家，他在本體論問題的論述中充滿著辯證法，因此被譽為「古代世界的黑格爾」。

B. 古代神話雖然玄幻瑰奇，但仍然來源於生活現實，曲折地反映了先民們征服自然、追求美好生活的願望。

C. 本書首次將各民族文學廣泛載人中國文學通史，但就其章節設置、闡釋深度等方面依然有很大的改進空間。

D. 由此可見，當時的設計者們不僅希望該過程中藝術活動是富有創造性的，而且技術活動也是富有創造性的。

30. 下列各句中，沒有語病的一句是：

A. 他在新作《世界史》的前言中系統地闡述了世界是個不可分割的整體的觀念，並將相關理論在該書的編撰中得到實施。

B. 作為一名語文老師，他非常喜歡茅盾的小說，對茅盾的《子夜》曾反覆閱讀，一直被翻得破爛不堪，只好重新裝訂。

C.《舌尖上的中國》這部風靡海內外的紀錄片，用鏡頭展示烹飪技術，用美味包裹鄉愁，給觀眾帶來了心靈的震撼。

D. 如果我們能夠看準時機，把握機會，那麼今天所投資百萬元帶來的效益，恐怕是五年後投資千萬元也比不上的。

（四）詞句運用（15題）

這部分旨在測試考生對詞語及句子運用的能力。

31. 燕園的魅力在於它的不單純。就我們每個人來說，我們把青春時代的痛苦和＿＿＿＿＿、追求和＿＿＿＿＿，投入並＿＿＿＿＿於燕園，它是我們永遠的記憶。

A. 歡樂　幻滅　消融

B. 高興　退守　交織

C. 鬱悶　幻想　奮力

D. 悲傷　理想　奮鬥

32. **市場經濟最神奇也最讓人__________之處，就是市場中不同的主體通過自發的博弈與__________而各得其所。對所謂完美、超然、成熟改革方案的渴望與膜拜，其實仍然是典型的計劃思維，指望用一套方案打追天下更是南轅北撤、__________。**

A. 奇特　取捨　刻舟求劍

B. 驚喜　碰撞　離題萬里

C. 贊嘆　磨合　緣木求魚

D. 佩服　交匯　天壤之別

33. **根據歷史上的真人真事進行文藝創作時，為了使人物表現得更為__________，可以對人物進行符合本身和時代背景的「適當」創作，但是大的歷史事實、人物命運、主要矛盾、重要事件都必須符合歷史，不能對歷史人物的「人生層面」進行__________和歪曲。**

A. 完整　杜撰

B. 真實　虛構

C. 形象　改編

D. 豐滿　臆造

34. **從蘆山回望玉樹，回望汶川，那舉國動員的生死營救，那生命至上的國家理念，那__________的民族精神，那__________的堅韌品格，定格為無數震撼心靈的畫面。擁有這些堅實的內核，中華民族歷經苦難而又生生不息。**

A. 眾志成城　視死如歸

B. 萬眾一心　百折不撓

C. 臨危不懼　不屈不撓

D. 無私無畏　勇往直前

35. **一個國家的發展道路合不合適，只有這個國家的人民才最有發言權。我們主張，各國和各國人民應該共同享受發展成果。世界長期發不可能建立在一批國家越來越富裕而另一批國家卻長期貧窮落後的基礎上。只有各國共同發展了世界才能更好發展，那種＿＿＿＿＿＿、轉嫁危機的做法，既不＿＿＿＿＿＿也難持久。**

A. 嫁禍於人　害人害己　可能

B. 兄弟鬩牆　損人利己　結

C. 以鄰為壑　害人害己　安全

D. 以鄰為壑　損人利己　道德

36. **今天在此追悼李生先、陳先生兩位先烈，時局極端險惡，＿＿＿＿＿＿＿＿＿＿＿」。但此時此地，有何話可說？我謹以最虔誠信念，向殉難者默誓：心不死，＿＿＿＿＿＿＿＿＿＿＿」，和平可期，＿＿＿＿＿＿＿＿＿＿＿」，施害者終必覆滅。**

A. 人民無比沉痛　志不絕　民主有望

B. 人心異常悲痛　志不絕　急取民主

C. 人心異常悲憤　意志堅　民主自由

D. 人民生活痛苦　半志昂　民主有望

37. **進行骨髓移植的前提條件是有配型成功的捐贈者。雙胞胎配型成功幾率最高，兄弟姐妹也有可能。但在中國，20世紀70年代到現在，大多數都是獨生子女，有兄弟姐妹且能配型成功的概率也非常低。另外，父母和子女之間骨髓配型成功的概率非常低，幾乎為零。因此，絕大多數患者都必須依賴不認識的志願者配型。非親緣關係骨髓配型成功的幾率只有幾十萬至幾百萬分之一，＿＿＿＿＿＿＿＿＿＿＿」。**

A. 即使這樣，骨髓移植仍是大多數血液疾病患者的唯一希望
B. 如果冒著風險使用不完美的配型，成功率自然會大為降低
C. 骨髓庫裡志願者樣本的多少，直接決定著病人找到合適配型的幾率
D. 志願者捐獻固然很重要，國家相關政策的落實和執行也是當務之急

38. 英國人在印度發展種茶業，從一開始就明確了以需求為導向——＿＿＿＿＿＿＿＿＿＿＿。19世紀上半葉，迷上喝茶的英國人為了擺脱中國對茶葉生產的控制，將茶樹種子連同加工技藝一起，偷偷從中國帶到了印度。從印度的阿薩姆和大吉嶺地區開始，英國徹底改變了紅茶的命運。到了1860年，投資者就明確意識到，在印度種茶是個能夠賺錢的行當。倫敦和加爾各答等地的先行者開始購買茶園股份，在英屬印度政府優惠政策的鼓勵下，公司和有能力的歐洲人紛紛租地種茶。

A. 為了讓茶葉變得廉價易得
B. 殖民者為了獲取更多的利潤
C. 滿足英國國內對茶葉的極大需求
D. 解決英國本土茶葉供應不足的問題

39. 依次填充下面一段文字中橫線處的語句，與上下文銜接最恰當的一組是：

魯迅先生確乎不是個「冷靜」的人，他的憎正由於他的愛；＿＿＿＿＿＿＿＿＿＿＿。這是「理智」的結晶，可是不結晶在冥想裡，而結晶在經驗裡；經驗是「有情」的，所以這結晶是有「理趣」的。開始讀他的《隨感錄》的時候，＿＿＿＿＿＿＿＿＿＿＿。他所指出的「中國症結」，自己沒有犯過嗎？不在犯著嗎？可還是常常翻翻看看，

______________________。

1. 他的「熱諷」其實是「冷嘲」
2. 他的「冷嘲」其實是「熱諷」
3. 一面覺得他所嘲諷的愚蠢可笑，一面卻又往往覺得毛骨悚然
4. 一面覺得毛骨悚然，一面卻又往往覺得他所嘲諷的愚蠢可笑
5. 吸引我的是那笑，也是那「笑中的淚」吧
6. 吸引我的是那「笑中的淚」，也是那笑吧

A. 2、3、5
B. 1、3、6
C. 2、4、5
D. 1、4、6

40. 生活其間，你優雅，城市便不粗俗；你精神明亮，______________________。當文明傳遞在城市的每個神經末梢，流進每個居民的血液之中，我們就敢說，這是一座有品味的城市，一座宜居的城市，一座閃爍著文明之光的城市。

A. 城市便不灰暗陰沉
B. 城市便不急躁喧嘩
C. 城市便光鮮亮麗
D. 城市便燦爛輝煌

41. 選出下列句子的正確排列次序。

1. 他們保存歷史的唯一辦法是將歷史當作傳說講述，由講述人一代接一代地將史實描述為傳奇故事口傳下來
2. 但是，沒有人能把他們當時做的事情記載下來
3. 這些傳說是很有用的，因為它們能告訴我們以往人們遷居的情況

4. 我們從書籍中可以讀到5000年前近東發生的事情，那裡的人最早學會了寫字
5. 但直到現在，世界上仍然有些地方，人們還不會書寫

A. 1-3-2-4-5
B. 4-1-3-2-5
C. 4-5-1-3-2
D. 1-2-3-4-5

42. 選出下列句子的正確排列次序。
1. 同樣一本書每再看看，領悟的又是一番境界
2. 後來覺著不對，因為年齡不同了
3. 這竟成了我少年時代大半消磨時間的方法
4. 所以買書回來放在架上，想起來時再反覆地去回看它們
5. 一本好書，以前是當故事項

A. 1-4-3-5-2
B. 1-4-5-2-3
C. 5-2-4-1-3
D. 5-2-1-4-3

43. 選出下列句子的正確排列次序。
1. 用3D模型海嘯襲擊、解析肝癌細胞樣本、大幅提高石油勘探效率……超級電腦的應用成果正日漸走入大眾視野
2. 國民經濟、科學技術和國防領域的重大應用需求不斷引領著超級電腦的發展
3. 超級電腦是指計算速度最快、處理能力最強的電腦，旨在解決一些特別複雜的科學工程挑戰性問題
4. 超級電腦和高性能應用需求相伴相生

5. 超級電腦的重大技術進步往往也會對應用領域的創新產生深刻的影響，催生一大批重大前沿科學突破與新技術變革，從而衍生出新的超級電腦應用發展需求
6. 當然這個「超級」的概念是相對的，一個時代的超級電腦到下一個時代可能成為普通的電腦，其技術也可能轉化為通用的電腦技術

A. 2-3-4-1-6-5

B. 3-2-6-1-5-4

C. 4-5-3-6-1-2

D. 1-3-6-4-2-5

44. 選出下列句子的正確排列次序。
1. 1980年5月8日，第三屆世界衛生組織大會莊嚴宣佈，人類終於消滅了曾嚴重威脅人類健康和生命的天花
2. 1798年，英國鄉村醫生琴納在「人痘」的基礎上發明了「牛痘」，這很快被公認為是人類防治天花的最好方法
3. 在牛痘發明150年後，世界上每年仍然有約五千萬人得天花
4. 如今，天花已成為唯一一種被人類消滅的傳染病
5. 遺憾的是種痘在很長時間內並沒有得到大力推廣
6. 據說，當時英法交戰，法國皇帝拿破崙就曾下令所有士兵必須接種牛痘

A. 2-5-6-1-3-4

B. 2-6-5-3-1-4

C. 4-2-6-3-1-5

D. 4-5-2-6-3-1

45. 選出下列句子的正確排列次序。

1. 當陽光灑在身上時，它更堅定了心中的信念——要開出：一朵鮮艷的花
2. 不久，它從泥土裡探出了小腦袋，漸漸地，種子變成了嫩芽
3. 從此，它變得沉默，只有它知道它在努力，它在默默地汲取土壤中的養料
4. 雖然他曾經受著黑暗的恐懼，暴雨的侵襲，但是他依然努力地生長著
5. 種子在這塊土地上的生活並不那麼順利，周圍的各種雜草都嘲笑它，排擠它，認為它只是一粒平凡的種子

A. 1-5-2-3-4

B. 1-3-2-5-4

C. 5-3-4-2-1

D. 5-4-2-3-1

- 全卷完 -

PART TWO
中文運用模擬試卷答案

模擬試卷(1)

01. A
02. C
03. A
04. B
05. D
06. C
07. D
08. A
09. D
10. D
11. C
12. B
13. C
14. D
15. C
16. B
17. A
18. D
19. A
20. B
21. A
22. C
23. D
24. C
25. C
26. D
27. D
28. D
29. B
30. C
31. A
32. A
33. B
34. B
35. B
36. D
37. B
38. A
39. B
40. B
41. B
42. B
43. D
44. C
45. C

模擬試卷(2)

01. B
02. B
03. C
04. A
05. C
06. B
07. A
08. C
09. D
10. D
11. D
12. A
13. A
14. A
15. B
16. A
17. D
18. A
19. C
20. C
21. A
22. C
23. D
24. D
25. D
26. D
27. C
28. C
29. C
30. D
31. B
32. A
33. A
34. A
35. C
36. A
37. B
38. B
39. B
40. D
41. D
42. A
43. A
44. C
45. B

模擬試卷(3)

01. A
02. C
03. C
04. D
05. B
06. C
07. A
08. C
09. A
10. B
11. A
12. C
13. A

14. B
15. A
16. D
17. D
18. D
19. A
20. D
21. C
22. B
23. C
24. D
25. C
26. B
27. D
28. D
29. B
30. B
31. D
32. C
33. C
34. B
35. B
36. A
37. A
38. C
39. C
40. B
41. B
42. C
43. D
44. D
45. B

模擬試卷(4)

01. A
02. D
03. B
04. C
05. B
06. A
07. A
08. A
09. D
10. D
11. A
12. A
13. B
14. C
15. C
16. C
17. D
18. D
19. D
20. A
21. B
22. B
23. A
24. C
25. A
26. C
27. D
28. C
29. C
30. C
31. A
32. D
33. A
34. D
35. C
36. D
37. D
38. B
39. D
40. A
41. A
42. A
43. A
44. C
45. C

模擬試卷(5)

01. D
02. B
03. A
04. C
05. B
06. C
07. D
08. D
09. A
10. B
11. D
12. D
13. D
14. C
15. C
16. A
17. D
18. D
19. A
20. B
21. C
22. D
23. A
24. B
25. B
26. C

27. C
28. B
29. C
30. A
31. D
32. A
33. D
34. A
35. B
36. B
37. B
38. A
39. C
40. B
41. B
42. B
43. D
44. B
45. C

模擬試卷(6)

01. C
02. B
03. B
04. A
05. A
06. C
07. A
08. C
09. A
10. C
11. B
12. A
13. A
14. D
15. B
16. C
17. C
18. C
19. B
20. B
21. D
22. C
23. B
24. C
25. A
26. D
27. C
28. B
29. A
30. A
31. B
32. B
33. C
34. C
35. B
36. D
37. D
38. A
39. B
40. B
41. B
42. B
43. C
44. A
45. D

模擬試卷(7)

01. A
02. B
03. A
04. D
05. B
06. D
07. C
08. C
09. A
10. C
11. B
12. A
13. A
14. C
15. B
16. D
17. D
18. D
19. D
20. C
21. A
22. B
23. B
24. C
25. C
26. B
27. D
28. D
29. C
30. B
31. C
32. A
33. D
34. C
35. A
36. B
37. B
38. D
39. A
40. A

41. C
42. C
43. D
44. B
45. A

模擬試卷(8)

01. B
02. B
03. A
04. D
05. D
06. A
07. C
08. A
09. B
10. B
11. A
12. B
13. C
14. A
15. C
16. D
17. A
18. D
19. A
20. D
21. A
22. D
23. B
24. D
25. B
26. B
27. A
28. C
29. D
30. C
31. C
32. D
33. A
34. B
35. B
36. B
37. B
38. A
39. D
40. C
41. B
42. B
43. D
44. D
45. C

模擬試卷(9)

01. B
02. D
03. A
04. C
05. B
06. A
07. C
08. C
09. C
10. A
11. C
12. D
13. B
14. B
15. B
16. C
17. D
18. C
19. B
20. A
21. D
22. A
23. A
24. D
25. D
26. B
27. B
28. D
29. B
30. C
31. A
32. C
33. D
34. B
35. D
36. A
37. C
38. A
39. A
40. A
41. C
42. D
43. D
44. B
45. C

書名　投考公務員 中文運用模擬試卷精讀
Use of Chinese: Mock Paper 修訂第二版
ISBN　978-988-76629-4-5
定價　HK$128
出版日期　2024年3月
作者　Fong Sir
責任編輯　文化會社公務員系列編輯部
版面設計　吳國雄
出版　文化會社有限公司
電郵　editor@culturecross.com
網址　www.culturecross.com
發行　聯合新零售（香港）有限公司
地址：香港鰂魚涌英皇道1065號東達中心1304-06室
電話：（852）2963 5300
傳真：（852）2565 091
